SHENG WU KE XUE CONG SHU · 生物科学丛书 · SH

U0685195

动物百科影集

王兴东 著

Wuhan University Press
武汉大学出版社

前　言

广袤自然，无边生物，真是无奇不有，怪事迭起，奥妙无穷，神秘莫测，许许多多的难解之谜简直让人不可思议，使我们对各种生命现象和生存环境简直捉摸不透。破解这些谜团，有助于我们人类社会向更高层次不断迈进。

动物是我们人类最亲密的朋友，我们拥有一个共同的家，那就是地球。尽管我们与动物相处最近，但动物中的许多神秘现象令我们百思不解。我们揭开动物奥秘，就能与动物和谐相处与共生，就能携手共同维护我们的自然环境，共同改造我们的地球家园。

植物是地球上的生命，也是我们的生存依托。千万不要以为草木无情，其实它们是有喜怒哀乐的，应该将它们作为我们最亲密的朋友。因此我们要爱惜一花一草。植物是自然的重要成员，破解植物奥秘，我们就能掌握自然真谛，就能创造更加美丽的地球家园。

　　生物是具有动能的生命体，也是一个物体的集合，可以说在我们周围是无处不在。特别是微生物，包括细菌、病毒、真菌以及一些小型的原生动物、显微藻类等在内的一大类生物群体，它们个体微小，却与我们生活关系密切，涵盖了许多有益有害的众多种类，我们必须要清晰地认识它们。

　　许多人认为大海里怪兽、尼斯湖怪兽等都是荒诞的，根本不可能存在，认为生活在恐龙时代的生物根本不可能还会活到今天。但一种生活在4亿年前的古老矛尾鱼被人们捕捞上岸，这一惊人发现证实了大海里确有古老生物的后裔存活。

　　生物的丰富多彩与无限魅力就在于那许许多多的难解之谜，使我们不得不密切关注。我们总是不断认识它、探索它。虽然今天科学技术日新月异，达到了很高程度，但我们对于那些无限奥秘还是难以圆满解答。古今中外许许多多科学先驱不断奋斗，一个个奥秘不断解开，推进了科学技术大发展，但人类又发现了许多新的奥秘，又不得不向新问题发起挑战。

　　为了激励广大青少年认识和探索自然的奥妙之谜，普及科学知识，我们根据中外最新研究成果，特别编辑了本套书，主要包括动物、植物、生物、怪兽等的奥秘现象、未解之谜和科学探索诸内容，具有很强的系统性、科学性、可读性和新奇性。

目 录

CONTENTS

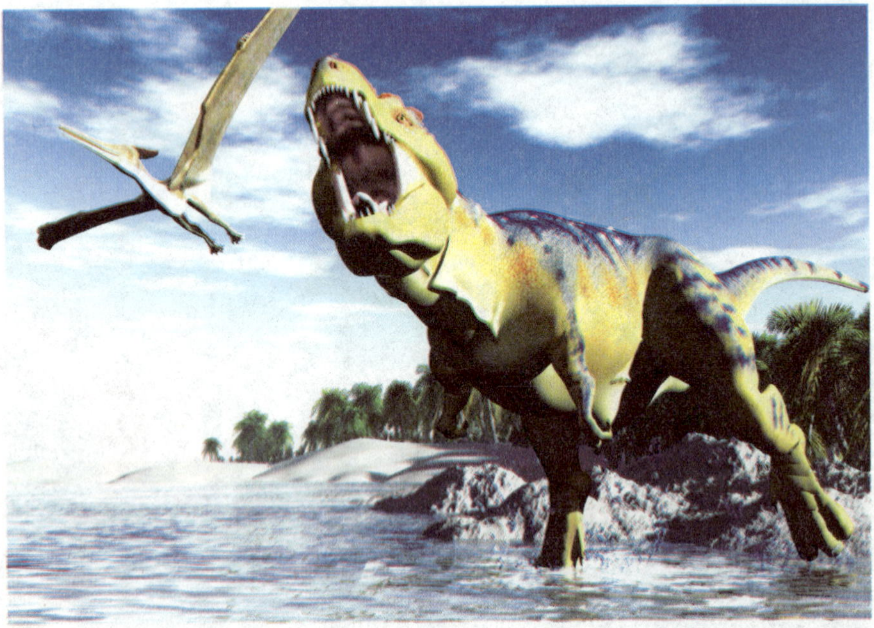

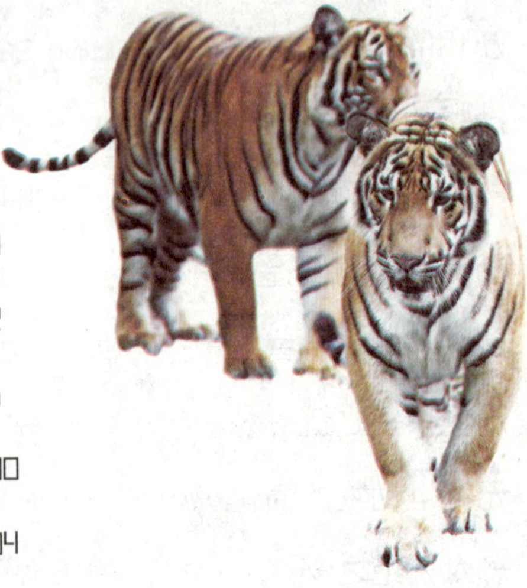

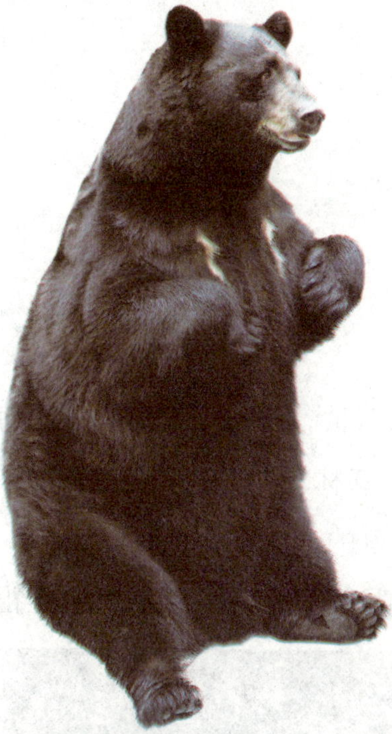

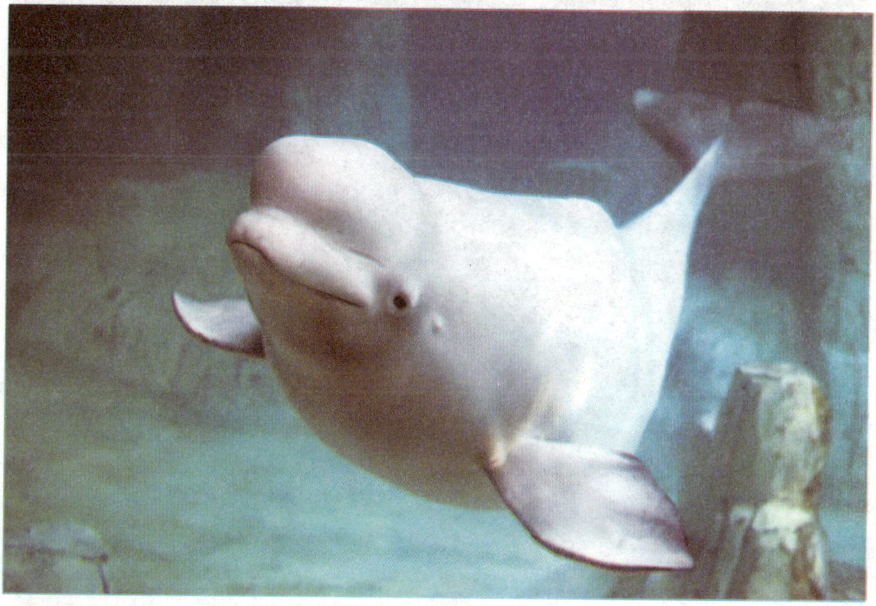

动物的进化过程

目前已知的动物种类大约有150万种，分布于地球上所有海洋、陆地，包括山地、草原、沙漠、森林、农田、水域以及两极在内的各个地方，成为大自然不可分割的一部分。

那么动物是在什么时候出现的呢？一般认为动物最早的祖

先是海绵，它们在地球上已生存了至少5.6亿年，距今约5亿年左右的海绵化石也已被发现。那么动物是如何一步一步进化到现在的呢？

动物界的历史，就是动物起源、分化和进化的漫长历程；是从单细胞到多细胞，从无脊椎到有脊椎，从低等到高等，从简单到复杂的过程。

最早的单细胞原生动物进化为多细胞的无脊椎动物，逐渐出现了海绵动物门，如海绵；腔肠动物门，如水母、海葵等；扁形动物门，如涡虫、吸虫、绦虫等；环节动物门，如蚂蟥、沙蚕、沙蠋等；软体动物门，如蜗牛、乌贼、章鱼等；节肢动物门，如

生物科学丛书 shengwu kexue congshu

虾、蟹、蜘蛛、蜈蚣等；棘皮动物，如海星、海胆、海参等。

由没有脊椎的棘皮动物进化出现了有脊椎动物，最早的脊椎动物是圆口纲动物，如七鳃鳗。它们没有上下颌，没有真正的齿，只有表皮形成的角质齿。

两栖动物，如青蛙、蟾蜍是最早登上陆地的脊椎动物。虽然两栖动物已经能够登上陆地，但它们仍然没有完全摆脱水域环境的束缚，还必须在水中产卵繁殖并且度过童年时代。

从原始的两栖动物继续进化，出现了爬行类。爬行动物，如海龟、鳄鱼等可以在陆地上产卵、孵化，完全脱离了水，成为了真正的陆生动物。

爬行动物在陆地出现以后，向各个方向进行分化，导致更高级的鸟类和哺乳类应运而生，当哺乳动物，如猫、狗、兔子、猿猴、老虎等进一步继续发展时，人类终于出现了。

　　总之，动物的进化历程可以概括为：由简单到复杂，由低等到高等，由水生到陆生。某些两栖类进化成原始的爬行类，某些爬行类又进化成为原始的鸟类和哺乳类。各类动物的结构逐渐变得复杂，生活环境逐渐由水中到陆地，最终完全适应了陆上生活。

小知识大视野

　　穿山甲，它全身被角质覆盖，如同长满了指甲。穿山甲于6000万年前从贫齿目中分离出来，而这一贫齿目下还包含有树獭、食蚁兽和犰狳等。但是穿山甲仍有许多与食蚁兽相近的特征，这就是趋同进化、自然选择的共同结果。

有趣的动物游戏

　　生物学家发现，游戏通常不是个别动物的单独活动，生物学家认为，对于那些必须通过群体合作才能生存的动物，正是在游戏中建立起牢固的联系。灵长类动物正是通过做游戏确定了个体在群体中的地位。在游戏中，它们意识到哪些动物是强者，哪些动物是弱者。

　　在缅甸的热带丛林里，高达10多米的树梢上，两只叶猴跳荡着，嬉闹着。它们依仗尾巴出色的平衡功能，在树枝上玩着"走钢丝"和"倒立"的把戏；它俩相互推挤，好像要把对方推下树去，可被推的一方总是抓住树枝，巧妙地跳开去，绝不会失足坠地。

在美洲巴塔哥尼亚附近的海洋里，每当刮起大风时，成群的露脊鲸把尾鳍高高举出水面，正对着大风，以便像船帆似的让大风推着它们，得意洋洋地"驶"向海岸。靠近海岸后，这些巨大的海兽又会潜回去，重复刚才的举动。

小河马经常在一起顽皮地撕咬和撞击，试探对手的力量；雄性小长颈鹿也用它的头部和长脖子打对方，以显示自己的威力。

尽管如此，动物在竞争中也小心地避免伤害同伴。熊仔用掌部互相击打时，注意缩回爪子以免抓伤对方；小狐狸在打斗中互相撕咬，但是从不用力将对手咬伤。

哺乳动物做游戏时，通常向同伴发出正式邀请。

小狗邀请同伴的信号是前腿向前跪下；小马通过欢快地跳跃来传递信息；黑猩猩则是龇牙咧嘴；大熊猫的信号更为有趣，它们通过翻筋斗向同伴发出邀请。

大部分动物随着年龄的增长逐渐对做游戏失去了兴趣，这是由它们发育成熟的状况决定的。

一般说，雌性动物要比雄性动物发育得更快，因此雌性动物对做游戏失去兴趣的年龄比雄性动物更早。有些动物能把做游戏的爱好保持终生。

　　人工驯养的成年海豚喜欢玩球、跳环或者玩人们投入到水池中的物体；成年水獭经常在一起角斗、嬉戏；成年的雄性大猩猩有时可以和它们的幼仔连续游戏几个小时。

小知识大视野

　　北极熊常常做这样的游戏：把一根棍子或石块衔上山坡，从坡上扔下来，自己跟在后面追，追上石块或棍子后，再把它们衔上去；野象则喜欢把杂草老藤滚成草球，然后用象牙"踢"过来"踢过去"地玩耍。

互助互爱的动物

　　我们经常看到，各种动物为了自己的生存，与不同类甚至同类动物，展开你死我活的斗争。

　　然而，在一些动物之间也有互助互爱的行为。这种行为是自然选择的结果，因为在求生存的斗争中，动物间如果没有互助精

神，就很难生存与发展。

美国斯坦福大学的生物学家们发现，一个动物园里的一只名叫贝尔的雄性黑猩猩，常常从地上拣起一根根小树枝，认真地摘掉枝上的叶子，站在或跪在其他雄性黑猩猩身边。

贝尔一只手扶着其他猩猩的头，另一只手拿着光秃秃的小树枝，伸到那些猩猩的嘴里，剔去它牙缝中的积垢。原来它是用小树枝作为牙签，给别的雄性黑猩猩剔牙呢！有时，贝尔还直接用手指给雄性黑猩猩剔牙。

生活在草原上的白尾鹫，互敬互爱的行为更是让人敬佩。

这种专门以野马等动物尸体为食的鸟类，在发现食物之后，会发出尖锐的叫声，把自己的同伙招来共享。

白尾鹫吃东西的时候总是先照顾长者，或让年老体弱的鹫先吃饱后，才开始吃。家里有幼鹫的母鹫，回家之后，还会把吃下去的肉吐出来喂幼鹫。

在非洲，有一只小羚羊喜欢和一头野牛结伴而行。

羚羊常常在前面行走，野牛则在后面跟着。每走几步，野牛便会哀叫一声，小羚羊也会回过头来叫一声，似乎在应答野牛的呼唤。

假如小羚羊走得太快了，野牛就高喊一声，小羚羊马上原地立定，等那野牛跟上后再走。这是怎么回事呢？原来野牛眼睛害了病，红肿得厉害，已无法单独行动，小羚羊在为它带路。

河马见义勇为的精神，曾经使一位动物学家感叹不已。

事情是这样的：

在一个炎热的下午，一群羚羊到河边饮水，突然一只羚羊被凶残的鳄鱼捉住了，羚羊拼命抗拒可也无法逃命。

这时，只见一只正在水里闭目养神的河马，向鳄鱼猛扑过去。

鳄鱼见对方来势凶猛，只好放开即将到口的猎物逃之夭夭。

　　接着，河马又用鼻子把受伤的羚羊向岸边推去，直到它认为是安全的地方为止。在岸上，河马还用舌头舔羚羊的伤口，用温和的目光慰抚受伤的羚羊。

小知识大视野

　　一种小丑鱼与刺细胞的海葵之间也具有戏剧性的共生关系。在正常情形下，海葵触手上的刺细胞，只要受到轻微的碰触，就会射出毒液使靠近的小鱼麻痹。可是小丑鱼却能荡漾在海葵的触手缝中，来去自如，好像它们是好朋友一样。

有趣的动物葬礼

不少动物学家发现，很多动物对死亡的同类有悼念之情，并且有各种形式的葬礼，有些葬礼居然还很隆重。

大象表现得最为突出。老象一死，为首的雄象用象牙掘松地面的泥土，用鼻子卷起土块，朝死象投去。接着，众象也纷纷照办，很快将死象掩埋。

然后，为首的雄象带着众象踩土，一会儿就筑成一座象墓。此时，雄象一声大叫，众象便绕着象墓慢慢行走，以示哀悼。

猴子的情感更深沉。老猴断气后，猴儿们都围着它痛哭不止，然后一齐动手挖坑掩埋。

它们把死猴的尾巴留在外边，然后静悄悄地观察动静。

如果吹来一阵风把死猴的尾巴

吹动，众猴就高高兴兴地把死猴挖出来，看它是否能活。当见到死猴毫无反应时，再重新掩埋。

在一座深山里，一群乌鸦在山坡上排成弧形，中间横躺着一只死乌鸦。

有一只像首领的乌鸦站在一旁，"呱呱"直叫，好像在致悼词。叫完后，有两只乌鸦飞过去，把死乌鸦衔起来送到附近池塘里。

最后，众乌鸦由首领乌鸦带队，集体飞向池塘上空，哀鸣着盘旋几圈，似乎在向遗体告别，然后才各自散去。

蜜蜂也像人一样，埋葬自己死去的同类。据研究人员观察，掩埋蜜蜂尸体的事由工蜂担任。一旦发现有蜜蜂在蜂房外死去，工蜂就把它的"尸体"搬到二米以外的地方，用青苔和草掩埋起来。

　　鹤是极富感情的禽类。生活在北美沼泽地的灰鹤，每当发现死亡的同类，便会久久地在尸体上空来回盘旋。然后，首领灰鹤带着大队灰鹤飞落地面，默默地绕着灰鹤尸体转圈，悲伤地瞻仰死灰鹤的遗容。

　　而西伯利亚的灰鹤却保持着不同的葬礼形式。它们停立在同类的尸体跟前发出凄惨的叫声。突然，首领灰鹤长鸣一声，顿时大家沉默不语，眼中似乎泪光闪闪，一个个低垂着脑袋，好像是在庄严的追悼会上集体默哀。

　　然后，伤心的獾群便站在河畔，一边望着汹涌的河水，一边哀鸣不止。

　　澳洲草原上的野山羊见到同类的尸体后伤心不已，它们愤怒

地用头角猛撞树干，使之发出阵阵轰鸣声。

非洲一种獾类选择了水葬。如果有一只獾发现了同类的尸体，它就会招来同伴一起将尸体拖入附近的河水之中。

小知识大视野

亚马孙河流域的森林中，生活着一种体态娇小的文鸟，它们的葬礼也许是动物世界中最为文明的。每当有它们的同伴死后，文鸟就会叼来绿叶、浆果和五颜六色的花瓣，撒在同类的尸体上，以表示对死者的悼念。

动物的雌雄互变

　　男变女、女变男，对人类来说是难以办到的。就是在科技发达的今天，在医学手术的帮助下，变性也是一件不容易的事。但在生物界中，雌雄互变却是一种司空见惯的现象。

　　沙蚕是一种生长在沿海泥沙中的动物。当把两条雌沙蚕放在一起时，其中的一条就会变为雄性。但是，如果将它们分别放在两个玻璃瓶中，让它们彼此看不见、碰不到，则它们都不会变性。

一种一夫多妻的红鲷鱼，具有变性特征。当一个群体中的首领——唯一的那条雄鱼死掉或被人捉走后，在剩下的雌鱼中，身体强壮的，体色会变得艳丽起来，鳍变得又长又大，卵巢萎缩，精囊膨大，最终成为一条雄鱼而取代原来丈夫的职位。

但是如果把一群雌红鲷鱼与雄红鲷鱼分别养在两个玻璃缸中，只要它们互相能看到，雌鱼群中就不能变出雄鱼来。但如果使它们互相看不见，雌鱼群中很快就变出一条雄鱼。

　　鱼类改变性别的目的，主要是为了能够最大限度地繁殖后代，使其他个体获得异性刺激。在一种雌鱼群或一种雄鱼群中，其中个头较大者，几乎垄断了与所有异性交配的机会。

　　当雌鱼较小的时候，能保证有交配的机会。待到它们长大时，变成雄性，便有了更多的繁育机会，与性别不变的同类相比，它们的交配繁育机会就相对增加了。

　　同样，在从雄性变为雌性的鱼类中，雌鱼的个体常大于雄体。雄鱼虽小，但成年的小雄鱼所产生的几百万个精子，足够使大的雌鱼所带的卵全部受精。另外，这些雌鱼与成熟的无论个体大小的雄鱼都能交配。

因此，它们小的时候是雄鱼，长大以后变雌鱼，便得到双重交配的机会，与那些从不变性的鱼类相比，多了受精的机会，这对繁殖后代大有益处。

在加勒比海和美国佛罗里达州海域，生活着一种蓝条石斑鱼。这种鱼的性别每天可变换数次。若两条鱼交配产卵，则其中一条充当雌鱼，另一条则充当雄鱼，一旦交配完成后，它们互相变换雌雄，再进行繁殖。

小知识大视野

人们常见到的黄鳝，它们在3年内，身体长至20厘米以上，尽到了做妈妈的责任。此后，它们的性别开始变化，至6岁时就全部变成雄性黄鳝。这时，它们体长可达42厘米以上。因此，黄鳝是先做妈妈后当爸爸。

动物的冬眠

在加拿大，有些山鼠冬眠长达半年。冬天一来，它们便掘好地道，钻进穴内将身体蜷缩一团。它们的呼吸，由逐渐缓慢到几乎停止，脉搏也相应变得极为微弱，体温更是直线下降。这时，即使用脚踢它，山鼠也不会有任何反应，简直像死去一样，但事实上它却是活的。

松鼠睡得更死。有人曾把一只冬眠的松鼠从树洞中挖出，它的头好像折断一样，任人怎么摇晃，它始终不会睁开眼睛，更不要说走动了。把它摆在桌上，用针也刺不醒。但是只有用火炉把它烘热，它才会慢慢而动，而且还要经过很长的时间。

刺猬冬眠的时候，简直连呼吸也停止了。原来，它的喉头有一块软骨，可将口腔和咽喉隔开，并掩住气管的入口。

生物学家曾把冬眠中的刺猬拿来，放入温水中，浸上半小时，才能见它逐渐苏醒。

动物的冬眠真是各具特色。蜗牛是用自身的黏液把壳密封起

来。绝大多数的昆虫，在冬季到来时已经不是成虫或幼虫，而是以蛹或卵的形式进行冬眠。

熊在冬眠时呼吸正常，有时还到外面溜达几天再回来。雌熊在冬眠中，让雪覆盖着身体，一旦醒来，它身旁就会躺着一至两只活泼的小熊。显然，这是成年熊在冬眠时生产出的仔。

动物冬眠的时间长短不一。西伯利亚东北部的东方旱獭和我国境内的刺猬，一次冬眠能睡上200多天，而俄罗斯的黑貂每年却只有20天的冬眠。

有些鱼也要冬眠。鲤鱼常常在河水底部过冬，几十尾至成百尾群集在水底的洼处围成一圈，头和头紧密地挨在一起，呼吸迟钝，鳃盖活动得非常缓慢，体温可下降到1℃，直至春天才复苏。丁鱼冬眠时比鲤鱼睡得更死，当把埋在河泥中冬眠的丁鱼挖

出来，不用棒打还看不出它是活的呢！

更有趣的是，爱尔兰的冰蛇，入冬后就把身子全部冻在冰里，直躺时，像一根硬邦邦的棍子。盘卧时，像一朵白色的鲜花。当地人就把它当作手杖或编成门帘来挡风。天气转暖了，在人们还未抛弃它之前，冰蛇便会知趣地爬走。

小知识大视野

钻心虫是以幼虫形态过冬的。幼虫躲在作物茎秆时挖凿出长长的隧道，用它自己吐出的丝结成网膜堵住隧道口，以保护冬眠的安全。有的蜘蛛干脆用吐出的丝织成一个袋子，黏附在岩石底下，躲在里面蜷屈身体不动弹，以此来御寒。

冬眠动物的复苏

冬眠也叫"冬蛰"。部分动物在冬天时，其生命活动处于极度缓慢的状态，是这些动物对冬季外界不良环境条件，如食物缺少、寒冷的一种适应。常见于温带和寒带地区的无脊椎动物、两栖类、爬行类和许多哺乳类，如我们常见的蝙蝠、刺猬、旱獭、黄鼠、跳鼠等。

  冬眠，是变温动物避开食物匮乏的寒冷冬天的一个法宝。冬天一到，刺猬就缩进泥洞里，蜷着身子，不食不动，几乎不怎么呼吸，心跳也慢得出奇。如果此时把它浸到水里，半个小时也死不了。

  可是当一只醒着的刺猬浸在水里两三分钟后，就会被淹死，这是为什么呢？原来，冬眠时动物的神经已经进入麻痹状态。

  动物在冬眠时，整个冬天不吃东西也不会饿死。因为在冬眠以前，它们早就做好了迎接冬眠的准备工作，以度过这段困难时期。

  这些动物冬眠前的准备工作很特殊，那就是从夏季开始，便在自己的身体内部逐渐积累营养物质，特别是脂肪。等到冬眠期来临，体内积累的营养物质已经相当丰富了，于是就显得肥胖起来。所积累的这些营养物质，足够满足它在整个冬眠过程中身体的需要。

尽管在身体内积累了大量营养物质，可是冬眠期长达数月之久，怎么够用呢？原来动物在冬眠期间，趴在窝里不吃也不动，或者很少活动，呼吸次数减少，体温也降低，血液循环减慢，新陈代谢微弱，所消耗的营养物质也就相对减少，所以体内贮藏的营养物质是足够能维持它的生命的。

在冬眠过程中，动物是处于活动与麻痹交替的状态。活动时期约为几小时至几天，有些动物在此期间进行排泄或进食。但大多数动物不进食，只进行某些生理平衡的调整。

等到身体内所贮藏的营养物质快要用光时，冬眠期也即将结束了。冬眠过后的动物身体显得非常虚弱，醒来后要吃掉大量食物来补充体内营养，以便尽快恢复身体常态。

小知识大视野

任何冬眠的动物都不是整个冬天熟睡不醒的，它们每隔一段时期，即会苏醒过来，活动几个小时，此时它们的体温会恢复正常。旱獭就是这样，它们睡到3个星期后，便苏醒过来，排一次尿和粪便。

动物的行走方式

动物的种类很多，不同种类的动物，它们的行走方式也是五花八门。

昆虫有6只脚和2对翅膀，又能飞又能走，有的还会在水中游泳，真是太灵活了。

鲸和海豚用尾鳍上下打水前进，只看打水的样子，就知道是鲸还是海豚了。

　　鸟类大多会飞，飞得最快的是针尾雨燕，每小时能飞翔200多千米。驼鸟善于展开它那蓬松的羽翼，借助顺风，如张帆远航的快艇般疾走。

　　哺乳动物除了会跑之外，有的还会爬树，像猴子和松鼠；有的擅长游泳，像河狸和海象。当然，更多的还是靠奔跑来追捕食物。

　　大袋鼠或跳鼠是两条腿加支撑身体的尾巴"三条腿"跳着行走；籍鼠有人说它会飞，其实它是用四条腿再借助前、后肢之间的皮膜在树间或山间滑翔；跑得最快的动物是猎豹，时速能达至110千米。

　　苍蝇可以在墙壁上行走，因为它的爪子上有类似湿海绵的东西，可以起黏合剂的作用。

　　壁虎之所以这么能爬，靠的是脚趾上的皮瓣。皮瓣是软质的脊状构造，可以很轻易地压缩在一起，因此壁虎的脚趾能贴合像树干和石头一样的不平滑表面。镶嵌在壁虎脚趾上皮瓣里的角质素毛发，名为刚毛，能塞进物体表面上极其微小的凹洞里，刚毛只需要稍微弯曲，便可以获得最大的接触面积。

　　蜥蜴平时用四条腿爬行，遇紧急情况逃跑时常将前肢悬空,而只用后肢和趾奔跑。

　　当肋骨上的肌肉收缩时，肋骨就向前移动，带动鳞片前移，但这时只是鳞片动而蛇身不动。紧接着，肋骨上的肌肉放松，鳞片的尖端像脚一样，踩住粗糙不平的地面或树干，靠反作用力把蛇身推向前方。蚯蚓没有脚，帮助蚯蚓爬行的是它身

体表面的刚毛，当蚯蚓行进时，先把身体后部的刚毛插进四周的泥土里，身体前部的体节一节一节地向前缩，从而形成爬行的动作。蛇的腹部有许多宽大的鳞片，它的肋骨可以前后自由活动。

小知识大视野

鸵鸟虽然不会飞，但是善于奔跑，在沙漠中每小时能跑60千米。企鹅是鸟类中最适应水中生活的，它们虽然已完全失去了飞翔的能力，但翅膀已转化为宽大的鳍，推动它们的身体在水中前行。

动物的自卫武器

　　生活在自然界中的每一种动物都有敌害，为了避免被敌害吃掉或攻击，动物在进化过程中生长出了独特的自卫武器，掌握了特殊防御本领，其式样真是五花八门。

　　不少蝶、蛾都是"化装大师"，它们喜欢将自己装扮成令天敌惧怕的凶猛动物。

　　有的昆虫，如蝶、蛾会把自己打扮成面目狰狞的蛇类，在胸、背部装饰一对好似眼睛一样的大圆斑。这对可怕的"大眼睛"不仅有眼眶，还有眼膜和瞳孔。这使它们看上去很像一条小蛇。当鸟儿来进攻时，它们会昂起头来，像蛇发起进攻时一样不

停地摇头晃脑，摆动鼓胀的胸部，将这些见蛇胆寒的鸟儿吓走。

　　一些昆虫还有模仿自己的本领。有一种叫斑马灰蝶的昆虫幼虫，能使自己的尾部化装成头部的模样儿。

　　这使天敌在进攻斑马灰蝶时，不知哪一边是它真正的头。一旦天敌选错了攻击方向，斑马灰蝶便有机会逃之夭夭。

　　豪猪、针鼹和刺猬身上都长着坚硬的长刺。遇到敌害，它们的身体便缩成一个刺圆球，弄得敌害不知从哪儿下口。豪猪的刺在身上长得不牢，有的还有倒钩，能像箭一样扎到敌害的身上，越扎越深，甚至还能致敌害死命呢！

　　穿山甲身披坚硬的鳞片当作盔甲，像古代的武士一样，遇到危险时就把身体缩成一个硬团，谁也拿它没有办法。

非洲的热带森林中，有一种眼镜蛇，能射出一缕缕的毒液，达4米远。一些弱小的野兽遭到一次射击就会丧命。

中美洲森林中的酸的虫，背部贮藏有浓度为84％的醋酸，必要时，可把醋酸液喷射80厘米远，用以射击来犯者。

黄鼠狼惯于使用臭屁"毒气弹"，硬是能把敌害熏跑。

美洲的臭鼬能把奇臭无比的液体射出两米多远，如果喷到人的脸上，人也会立刻昏倒。所以它敢在森林中大摇大摆走来走去，谁也不怕，你说厉害不厉害？

　　负鼠遇到危险逃不掉时也不抵抗，而是四脚朝天，两眼瞪直，一动不动地装死，等敌害走远，再迅速翻身跑掉。

　　另外，动物还有保护色、警戒色和拟死等种种保护自己的方法，它们很聪明呢！

小知识大视野

　　海洋里的某些鱼类，防卫的武器更是"先进"，它们遇到敌害，能放出电流来击伤对方。如电鳐放出的电可达200伏，电鲶放出的电可达350伏，而电鳗放出的电竟可达500伏！如此"高压"的电流的确让对手害怕。

43

动物尾巴的用途

动物几乎都有一条尾巴。每种动物的尾巴都有各自不同的用途。

鸟把尾巴当作飞翔器。鸟的尾巴上长着又长又宽的羽毛，这些羽毛展开时好像扇子，能够灵活转动，便于掌握飞翔方向。鸟尾在飞翔时起着舵的作用。

鱼把尾巴当作游泳器。鱼在水里靠尾巴的左右摆动，促使身

体向前推进。鱼的尾巴还能控制方向，并随不同的摆动方向而转变游弋方向。

牛把尾巴当作平衡器。牛长有长长的尾巴，尾巴末端长着丛生的毛。当它奔跑时，尾巴竖起，起着平衡身体的作用。

猫的尾巴不仅能帮助它保持平衡，还能使它从高空落下时翻过身来，四脚着地，这样才摔不坏。猫的尾巴还可以充当渔竿伸入河中钓鱼。

鳄鱼把尾巴当作武器。生活在热带地区的非洲鳄，见到牛、羚羊、鹿等动物在河边饮水时，便突然将尾巴一扫，把这些动物打入河里，然后张开大嘴，饱餐一顿。

　　狐狸的尾巴大而蓬松，在跳跃、急转弯时可用来稳定身体的重心，冬季睡觉时用它来暖身子，走路时用尾巴扫掉足迹，使追赶的敌人无迹可寻。

　　狐猴把尾巴当作仓库。在食物丰富的雨季，狐猴就在尾巴里储存起大量营养品；在食源缺乏的旱季，狐猴靠消耗尾巴里储备的营养来度日。

　　绵羊的尾巴是营养的储藏库，当食物充足时，它会把脂肪贮藏在厚实肥大的尾巴里；而青黄不接时，它又能靠尾巴里的脂肪度过饥荒。

　　松鼠把尾巴当作交际工具。美洲松鼠在合力对付蛇时，用尾巴来传递信息。尾巴猛挥三下，表示总攻开始；挥两下，表示继

续进攻；挥一下，表示停止进攻。此外，它们还用尾巴的不同摆动状态，来表示威胁它们生存的蛇的种类、大小、距离和运动方向。冬天睡觉时，这条大尾巴就成了它的被子，真暖和呀！

狗尾巴的主要功能是表达心态和情感。比如，它在主人面前摇摆尾巴是表示亲昵，而在两狗相斗时，败者便会神情沮丧地夹起尾巴逃跑。

小知识大视野

老鼠的尾巴也有特殊作用。为了偷吃瓶内的油，把尾巴伸进瓶子里，浸油后提取出来，然后一滴一滴地流进嘴里。有趣的是，老鼠尾巴还能偷鸡蛋，一只老鼠四脚仰天把鸡蛋抱在怀里，另一只老鼠拽着它的尾巴，把鸡蛋拖进洞里去。

动物舌头的用途

我们人类的舌头不但用于说话，在咀嚼的过程中，还能起到搅拌的作用。动物的舌头除了用于"搅拌"外，往往还是捕食猎物的工具。

食蚁兽的舌头像鞭子一样又细又长，可以伸进蚁洞中舔食蚂蚁。

企鹅生活在南极，以海洋里的小鱼小虾为生。鱼身上的鳞和黏液特别滑，不容易咬住。企鹅的舌头上长满了肉刺，鱼一到了企鹅的嘴里，就被肉刺挂住再也滑不出去。

　　青蛙的舌头长得很奇怪，和人的舌头正好相反，舌根长在前头，开叉的舌尖反而在后面。当它发现昆虫的时候，只要张开嘴，舌尖能伸出很远，你还来不及看清楚，昆虫已经进到它的嘴

里了。

蜗牛的舌头上有上万只细小的牙齿，它趴在植物的枝干上，经常用舌头刮来刮去，把植物汁液和嫩叶刮进嘴里，很快就会导致植物死亡。

啄木鸟的舌头又细又长，可以自由伸长和缩短，舌尖上长了好多的倒钩，能把虫子从洞里钩出来吃掉。

在澳洲森林里有一种叫麝香鹦鹉的鸟类，因为它们喜欢啄食花朵，吸取花蜜，它们的舌头竟然长成小梳子的模样。

长颈鹿的舌头长达半米，既是"钩子"又是"搅拌机"，高处树枝上的叶子它只要用舌头轻轻一钩，便可轻易地送到嘴里，随即又在口腔中来回蠕动，树叶便很快地被嚼烂了。

变色龙则有一条又细又长

的舌头，当舌头完全伸展时，甚至超过其身体的长度，用不上1/4秒，它那快速而有力的舌头便已将猎物吃进肚里。然后，长舌又能自然地像"卷棉被"般地卷回嘴里。

人类会制造盛水工具，而在欧洲，有一种红狐，虽然不会制造盛水工具，但它们身体天生便带有"水杯"，原来它只要把舌头稍稍卷起，便可形成茶匙状去盛水喝了。

小知识大视野

动物的舌头也有其他作用。狗的身上没有汗腺，天气热的时候，狗总是张开嘴把舌头伸出来散热，因为舌头是它们的散热器。猫妈妈会特别用力地舔新生小猫的嘴巴，目的是让它喘气，学会呼吸。

动物的洗澡方式

　　动物的身上常常有跳蚤等，它们和人类一样，需要经常洗澡来保持身体的清洁。动物洗澡的方法很多，和人类不完全一样。

　　鸟类洗澡的方式除有水浴、沙浴外，还有火浴。麻雀最喜欢的是水浴和沙浴，当它洗沙浴时，它会在沙土中先挖一个坑，再展翅抖掉身上的泥沙，寄生虫就随着沙土被抖掉了。

　　鹦鹉和文鸟也喜欢用水洗澡，它们会在水里扑腾翅膀，然后用喙捋羽毛，把羽毛上的脏东西都弄掉，整理得漂漂亮亮，就像

我们洗澡一样。

　　鸠鸽类的鸟除水浴外，更喜欢"雨浴"。下雨时，它们展开一侧的翅膀，一动不动地让雨淋，洗完了一侧的翅膀然后洗另一侧的翅膀，充分享受大自然的恩赐。

　　家蝇喜欢在灰尘和垃圾中嬉戏，吃东西的时候，它吃掉所有能够消化的食物。但如果仔细观察一只苍蝇，会发现它的双腿总是不时地在相互摩擦，以便掸掉头部或翅膀上的灰。尽管有很脏的坏习惯，它仍然爱干净。

　　大公鸡喜欢在沙堆里洗澡，只见它一会儿拍拍翅膀，一会儿动动身体，脏东西就都掉了。

　　野猪喜欢在泥坑里打滚，让浑身都粘上一层厚厚的泥，然后在树上一蹭，脏东西就随泥巴掉了。

休息了一个晚上的毛驴，早晨起来，第一件事就是洗"土浴"，在地上打滚，然后使劲抖几下，用泥土来消除身上的油污。

大象喜欢往自己身上喷水，这使它们在烈日下保持凉爽。它们还喜欢在泥里洗澡，泥浆可以除掉刺激皮肤的苍蝇和害虫。泥干后形成一层特殊的"皮肤"，这可以保护大象，使它不会被太阳灼伤，免受蚊虫叮咬。

小猴子们喜欢经常互相在身上找盐粒吃，这样就是不洗澡，身上的脏东西也会被摘掉了。

所有的猫都很爱干净。它们的舌头非常粗糙，像砂纸一样，可以舔掉皮毛上的灰尘和害虫。

大部分幼兽自己不会洗澡，所以通常是它们的妈妈帮它们洗。狐狸妈妈负责把它们的幼仔舔干净。小狐狸从出生至几周大，狐狸一家都住在很大的洞里，狐狸妈妈也打扫洞穴，它用嘴把粪便和旧草垫衔出洞外。

冬眠刚苏醒的蛇，匆匆钻进绿茵茵的草丛里来回爬动，一次又一次地进行"草浴"，让小草把它的身体上油腻全都抹去。

小知识大视野

喜鹊、白头翁等鸟儿，它们大多喜欢洗"蚁浴"。洗澡时，它们让蚂蚁爬到自己的翅膀上分泌出蚁酸，以便驱赶身上的寄生虫。有时它们干脆衔起蚂蚁，涂擦羽毛。经过这样的"沐浴"，它们会感到分外的轻松和愉快。

动物杀子之谜

　　科学家经过实地考察证明，在野生动物中，故意杀幼子是一种经常性的现象。有些学者认为，动物杀幼子可能是由于它们聚集的密度太大，或者是由于人类干扰太多的缘故。

　　在乌干达基巴尔丛林中，有3种猿猴，虽有充分的生活空间，而且不受人类干扰，但是它们仍然杀幼子；在狮子和几种猿猴群

中，也有为了节省食物或因争执而杀子，甚至还有食子的情况发生。叶猴是非攻击性动物，它们有时却会表现出很野蛮的行为，激战、绑架和性骚扰非常常见。雌猴还会自发地遗弃那些受伤的幼猴，有时甚至将它们杀死。

野生动物不仅雄性会杀幼子，雌性也会杀幼子。雌黑猩猩有时吃掉其他雌兽的幼子，雌海象会杀死试图来索乳的陌生小海象。

在野狗和鬣狗的群体中，高级雌兽会杀死低级雌兽的幼子。啮齿类中也有这种虐杀行为，这可能是它们希望为自己的幼子获得窝巢的缘故所致。

除了哺乳类动物之外，其他动物杀死血亲的事也屡见不鲜。公鱼有时吞食它们已受过精的鱼卵，而某些种类的鲨鱼，还在母腹中时，就啮食其兄弟姐妹了。

在食物缺少时，鸟类双亲往往舍弃已生下的卵，飞往他处谋生，更有甚者，有时双亲会唆使其幼子做"坏事"。

例如黑鹰，先生下第一枚蛋，孵化几天后再生第二个，当老大孵出后，往往把老二啄死。

有学者认为，第二枚蛋是以防万一的。因为这种鸟一年只有一只幼雏。如果幼雏意外死亡的话，这年便没宝宝了，所以第二枚蛋是备用蛋。

　　在狮子的社会群系中，两只雄狮为争取在这一群体中的霸主地位而展开殊死搏斗。一旦老狮王被取代了，新狮王便会急于生育新的后代，而原先群体中留下的后代大多会被新入主的雄狮咬死。成年雄性老鼠的做法似乎比狮子更为彻底。新鼠王往往会释放一种化学物质，使正在怀孕的雌性老鼠流产，并立即进入新的发情期。

　　动物的亲杀行为并非偶然，与其让它们的弱小后代生存下来，不久就被天敌捕食掉，还不如在胚胎或年幼时就消灭，这样有助于其他个体的生存。

小知识大视野

　　白鹭一次只产三枚蛋，前两枚分别含有大量生长激素和一些有助于它们生长的化学物质，而第三枚蛋获得物质较少。这些物质决定了幼鸟的好斗性，当三枚蛋正常孵化生长时，前两只由于获得了较多的生长物质，会将第三只幼鸟杀死。

无脊椎动物的演化

生物出现在地球上已有几十亿年的历史，考古学家由发现的生物化石推测出它们存在的年代，并告诉我们动物是如何演变和进化的。

大约在10亿年前，海洋中出现了没有脊椎骨的无脊椎动物，它们很像今天的水母和海绵。直至4亿多年前脊椎动物才开始出现，它们是一些原始的鱼类。有些鱼类发育出肺部，能够直接呼吸空气，它们跑到陆地上来，像今天的青蛙一样，既能生活在水里，又能生活在陆地上，它们被叫作两栖动物，出现在3亿多年前。

由两栖动物进化出爬行动物，大约在2亿年前，恐龙开始称霸地球，但是到了距现在6500万年前，它们突然神秘地消失了，连它们的很多爬行类亲戚也都跟着灭绝了，它们的位置由鸟类和哺乳动物取而代之。

哺乳动物在恐龙时代特别弱小，但后来却发展成为地球上的主要动物。人类是最晚演化出来的哺乳动物之一，我们的祖先在200万年前才出现在地球上。

无脊椎动物的代表生物鹦鹉螺堪称顶级掠食者，它的身长可达11米，主要以三叶虫、海蝎子等为食，在那个海洋无脊椎动物鼎盛的时代，它以庞大的体型、灵敏的嗅觉和凶猛的嘴喙霸占着整个海洋。

鹦鹉螺已经在地球上经历了数亿年的演变，但外形、习性等变化很小。鹦鹉螺在古生代几乎遍布全球，但现在只有南太平洋存在六种鹦鹉螺。

世界上最长的无脊椎动物是纽虫。1864年，一次风暴后，在苏格兰沿岸人们捕捉到一条海洋纽虫，测量它的体长竟超过了55米！人们把它称为超级纽虫。

不过，超级纽虫虽然在体长方面称得上是世界之最，但在动物界里却处于较低等的位置，在海洋生物中，它也不是名门望族。

水中游得最快的无脊椎动物是乌贼，堪称"水中之剑"。

乌贼之所以游弋速度非常快，是因为它与一般鱼靠鳍游弋不同，它是靠肚皮上的漏斗管喷水的反作用力飞速前进的，其喷射能力就像火箭发射一样，可以使乌贼从深海中跃起，跳出水面高达7米至10米，其身体能像炮弹一样，在空中飞翔50米

左右。

乌贼在海水中游弋的速度通常可以达至每秒15米以上，最大时速可以达至150千米。

号称鱼类中游弋速度冠军的旗鱼，时速只有110千米，它们也只能甘拜下风了。

小知识大视野

无脊椎动物是背侧没有脊柱的动物，是动物界中除原生动物界和脊椎动物亚门以外全部门类的通称。包括棘皮动物、软体动物、腔肠动物、节肢动物、海绵动物、线形动物等，其种类数占动物总种类数的95%。

63

恐龙灭绝之谜

距离今天约7000万年至2亿年的中生代，是爬行动物的盛世，有一种动物是地球的霸主，统治着海陆空三界。我们把这种动物统称为恐龙。

可是这样一个庞大的家族，就在6500万年前白垩纪结束时，突然从地球上消失了。跟随恐龙一起灭绝的还有海洋爬行动物、

飞翔爬行动物、一些鱼类和其他生物等。这种生物的大规模死亡，便成了科学家们争论不休的一个最大的科学之谜，科学家们对此也提出了各种各样的假设。

有一种比较普遍的观点认为，恐龙的大规模死亡或灭绝跟地球变迁很有关系。中生代末期，地壳上生长出很多山脉来，沼泽被毁灭了。地球的气候也发生了变化，出现了冷热季节的交替。这样一来，像恐龙这样的冷血动物就变得不能适应了。气候变冷，恐龙体温就跟着下降，忍受不住寒冷就会死亡。它们的呼吸器官只适合在湿热的空气

中呼吸，却不适合在变得又干又热的空气中呼吸。

由于气候的改变，在新的环境面前，在漫长的进化过程中身体构造已经定型的恐龙，只能走上灭绝的道路。而能够进行冬眠的蛇、蜥蜴类，身上长毛能够御寒以及躲进山洞避寒的小型哺乳类动物和鸟类，却得以存留下来。

有一些生物学家认为，恐龙吃的无花植物，如蕨类、苏铁、松柏等对恐龙没有多大影响。后来，地球上出现了有花植物，有花植物中所含有的生物碱具有很大毒性，所以恐龙因食物中毒而死。也有人认为，恐龙年代末期，最初的小型哺乳类动物出现了，这些动物属啮齿类食肉动物，可能以恐龙蛋为食。由于这种小型动物缺乏天敌，越来越多，最终吃光了恐龙蛋。

苏联古人类学家巴罗诺夫更说出了惊人之语："6000万年前，外星人公开猎取恐龙，并在几千年中消灭了这种动物。"

还有些科学家推测，坠落到地球上的陨星不是一颗，而是成千上万颗，像骤雨一样。这些陨星虽然小，但每一颗的威力都胜过几颗原子弹，集中到一起就不难造成地球上恐龙的全面灭绝。

小知识大视野

有的科学家认为，当时地球上火山频繁爆发，火山灰不仅污染了空气，还遮住了阳光，使生态环境发生了突变，氧气缺乏，没有降雨，沼泽、山川干涸，植物灭绝，恐龙便是在这种情况下灭绝的。

恐龙的种类

恐龙分为植食性和肉食性两种，大多数恐龙吃食植物。考古学家发现了恐龙牙齿和颌化石，曲线形细而尖的牙齿是属于像霸王龙这样的食肉动物的。植食性恐龙有用来磨碎食物的宽大牙齿或像禽龙那样的能钳住食物的牙齿，角龙有能撕碎树叶的喙。

最大的巨型果脚龙是大家熟悉的，它有庞大的躯干，长长的尾巴和颈，有个小脑袋和一副专门用来咀嚼植物的牙齿。由于它有长长的脖颈，所以很容易吃到树上的叶子。

以肉食为主的恐龙因为食物的营养丰富，因此通常不需要吃很多食物。而植食动物食量很大，如梁龙每天约吃1000千克的树叶。

肉食性恐龙都有较大的头和嘴，嘴里有大而弯曲的利牙。例如我国四川发现的永川龙就有尖锐的带锯齿的向后弯曲的牙齿。而霸王龙则生有利剑般的牙齿，牙齿边缘也有锯齿，其中最长的可达20厘米。

植食性恐龙的牙齿平而直，没有锯齿，只能用于咀嚼。植食性恐龙牙齿的形状和大小，取决于它们所吃的植物。例如，蜥脚类恐龙有勺形齿或钉状齿，便于剪断茎和叶。这是因为它们主要吃苏铁类和蕨类植物。

鸭嘴龙类主要吃的是石松类植物木贼，这种植物含硅质较多，十分坚硬，所以鸭嘴龙的嘴里上下左右都有牙齿，一个接一个，密密麻麻排成许多行，最多的可达2000多颗，这是对长期吃硬食物的一种适应。

此外，肉食性恐龙有大的头骨和腭骨，脖子粗短，一般用后肢走路。而素食性恐龙头小脖子长，一般用4条腿走路。

肉食性动物中最大的是巨霸龙，体长超过12米，重达10000千克，相当于一辆小型客车的重量。它吃比它自身大许多倍的植食性恐龙。

肉食性恐龙比较著名的有霸王龙、恐爪龙、翼龙、沧龙、鱼龙等。

植食性恐龙比较著名的有梁龙、雷龙、三角龙、肿头龙、禽

龙、剑龙、甲龙等。

最新研究发现，除了肉食和植食恐龙外，还有一种杂食性恐龙，就是植物和肉类都吃的恐龙，如镰刀龙、伤齿龙、盗蛋龙、似鸵龙等。

小知识大视野

蜥龙是最大、种类最多的史前爬行动物。它们的身体小的如小鸡，大的有重达50000千克的有足蜥龙。据推断，一只30000千克重的蜥龙，每天可能要吃掉1800千克重的植物，最少也要吃掉1000千克食物。

恐龙的正常体温

有关恐龙体温的问题，在科学界一直存在多种看法：有观点认为恐龙就像巨鳄一样是迟钝的冷血动物；但也有人认为某些恐龙可能是恒温动物，并具有迁徙习性。由于年代过于久远，这些解答都只是有根据的推论，因为我们谁都没见过真的恐龙。

关于恐龙的正常体温科学家无法确定，但根据对爬行动物的研究，科学家认为它们是通过晒太阳来保持体温，恐龙也是如

此。这就限制了恐龙在寒冷天气中的活动。

哺乳动物和鸟类的体温依赖于从食物中释放的热量，如果恐龙像我们想象的那样活跃，它们就可能与哺乳动物和鸟类一样，其庞大身躯一旦暖和起来，就不会冷下去的。

有意思的是从恐龙血管的骨质片段化石的微观研究中发现，恐龙与现存的热血哺乳动物相似，它们有着一腔热血。

科学家提出了最新研究成果，揭示其生长比率和体积最大的恐龙，并将它们的生长轨迹输入到电脑里，来评估它们的体温。

计算机显示恐龙的体温随着身体体积的增长而增加，而且最大的恐龙相对保持身体温度不变，与现代的温血动物相似，它们通过热的惯性保持它们自身的温度。

这个研究结果还表明，一只只有12千克的小恐龙的体温大约是25度，这个温度与当时的环境温度一样，表明它们是从外部获得的热量，这与现代的小型爬行动物相似。

可是，一头14000千克重的恐龙，温度却能够达到41度左右。这项研究中最大的恐龙是波塞东龙，体重达至60000千克，它的体温可以达至47.78度，这个温度要比绝大部分动物的体温都要高。

根据古生物学家们的研究结论，恐龙的体温同样也会随着年龄的增加而发生变化。

除此之外，科学家们认为正是因为体温平衡问题制约了恐龙拥有更为庞大的体型。如果体温达至50度，恐龙体内的一些重要蛋白质的活性组织将会受到损害。

此后，科学家又通过同位素测定技术测出了恐龙的体温。他们通过一些保存较为完好的化石，根据同位素的含量和比例推算出了恐龙的体温。

　　结果显示，腕龙的体温为38.2摄氏度，圆顶龙的体温为35.7摄氏度，误差在一两摄氏度之间。该体温数据与现代哺乳动物相似，高于鳄鱼而低于鸟类。

小知识大视野

　　恐龙的身体越大，就越容易使体温保持恒定。气温下降时恐龙的体温也随之下降，造成行动的不自由。而增加身体的体积，就能在一定程度上弥补这种生理缺陷，对恐龙的生存有利。

"百兽之王" 狮子

狮子是唯一的一种雌雄两态的猫科动物，是地球上力量强大的猫科动物之一。

在狮子生存的环境里，其他猫科动物都处于劣势。其漂亮的外形、威武的身姿、王者般的力量和梦幻般的奔跑速度完美结合，使它们赢得了"万兽之王"的美誉。

成年的雄狮，身长两米多，体重达四五百斤，大大的脑袋上披着威风凛凛的鬃毛，吼叫起来，摄人心魄。

狮子不仅外表令人震撼，而且凶猛异常。它力气极大，一口能咬断角马的咽喉，一口能咬断斑马的脖子。

它的爪子十分尖利，4对大齿上下交错，口齿上下相对像锋利的剪刀；它的舌头也非常厉害，舌上的角质倒刺，能把骨头上的肉刮光。

狮子不仅勇猛，而且善于谋略。它常常通过认真观察，埋伏在兽类必经的地方，当猎物走近时，便大吼一声，猛跳出来，使猎物在猝不及防时将它生擒活捉。正因为如此，兽类都非常害怕狮子。

狮子爱吼叫，而且会经常性地吼叫。它吼叫并不是因为愤怒，而是宣示其领地，威慑其他狮子或食肉动物不要进犯，这是显示它的威武的一种方式。

狮子是所有猫科动物中，吼声最大，也是次声波传播最远的动物。当有新的狮王打败老狮王后，会长时间大吼，甚至能连续吼几夜，以宣示它是新的狮王。

在狮群中，雌狮们是主要的狩猎者。

尽管狮子奔跑的时速高达每小时60千米，但是它们的猎物往往比它们跑得还快。

并且狮子缺乏长途追击的耐力，只冲刺一小段路程后就筋疲力尽了。因此，大多数情况下它们不得不空手而归。

不管怎样，狮群狩猎时总是小心翼翼地贴近目标，尽可能地利用一切可以用作遮掩的屏障隐藏自己，在距离猎物只有30多米的时候，突然地、迅疾地向猎物猛扑过去。

雌狮往往集体围猎，狮群成员们分散开围成一把扇形，把猎物围在中间，然后从各个方向接近，伺机在被围的兽群惊慌奔突时，找准一个倒

霉的猎物下手。

　　小个子的瞪羚、狒狒到体型庞大的水牛甚至河马都是它们的美味，但它们更愿意猎食体型中等偏上的有蹄类动物，比如斑马、黑斑羚以及其他种类的羚羊。

小知识大视野 ◆◆◆◆◆◆◆◆◆◆◆◆◆

　　在黑暗中，狮子的眼睛比人类的眼睛灵敏6倍。狮子喜欢群居，曾经在欧洲、非洲、亚洲广为分布，但现在只能在撒哈拉沙漠南部的非洲草原和印度西北的森林保护区中看到它们。

老虎吃人的原因

　　虎，又称老虎，是当今体型最大的猫科动物之一，也是陆地上最强的食肉动物。最大的虎种体重在1350千克以上。老虎对环境要求很高，老虎亚种均在所属食物链中处于最顶端，在自然界中没有天敌。

　　老虎的适应能力很强，曾经在亚洲广为分布，但是由于自然栖息地的破坏和消失，它们的数量渐渐减少。

　　老虎是典型的山地林栖动物。在南方的热带雨林、常绿阔叶林，以及北方的落叶阔叶林和针阔叶混交林，老虎都能很好地生活。

老虎是凶猛的野兽，一旦发威将势不可挡，位居食物链终端，自然界中无天敌，有捕杀雌性亚洲象、白肢野牛、亚洲黑熊、雌性犀牛、花豹、泽鳄、棕熊等攻击力相当强的动物记录。

老虎生性多疑，但对经常威胁它们生存的人类从不敢轻易发起进攻。在通常情况下，老虎总是躲着人走，然而，老虎伤人甚至吃人的事也时有发生。

老虎伤人有两种情况：一是遇到人的袭击时由于害怕而伤人，特别是在受了伤的情况下往往会拼命与人搏斗；二是老虎实在找不到食物饥饿难忍时，也会铤而走险，找人充饥。

但这多半是由于老虎年老或受了伤，跑得不快，追不上其他猎物，斗不过大的野兽，最后迫于饥饿，才不得不去袭击人类。

由于人类大量捕杀野生动物，老虎的食物越来越少，一些壮年老虎为了自己和幼虎的生存，也会攻击人类。

老虎最精良的攻击武器就是粗壮而锋利的牙齿和可伸缩的利爪。捕食时异常凶猛、迅速而果断，以消耗最小的能量来获取尽可能大的收获为原则。但老虎在捕食猛兽时，若没有足够的把握绝不轻易下手。

古时侯，人们对老虎是相当畏惧的。老虎性威猛无比，古人多用老虎象征威武勇猛。古人对自己畏惧的东西普遍采取了"敬

而远之"的态度。于是，古人在虎前面冠以"老"字，以表示敬畏和不敢得罪的意思。有些地方因为害怕，在说到老虎时，往往不敢直呼其名而称为"大虫"。

小知识大视野

亚洲西伯利亚虎是世界上最大的猫科动物，成年雄虎重约265千克。老虎在森林中占据着很大的地盘，通常有好几个地穴用来储藏食物。

老虎和狮子的强弱

老虎每次食肉量为17千克至27千克，体形大的每顿可达35千克。由于脚上长有很厚的肉垫，老虎在行动时声响很小，机警隐蔽。它的跳跃能力强，一跳约能达5米至6米远。

老虎遇到猎物时会低伏，并且寻找掩护，慢慢潜近，等到猎物走近攻击距离内，就突然跃出，攻击其背部，这是为了避免遭到猎物反抗所伤到。老虎会先用爪子抓穿猎物的背部并且把它拖

倒在地，再用锐利的犬齿紧咬住它的咽喉使它窒息，不然就是咬断颈椎，直到猎物死亡才松口。

　　狮子通常捕食比较大的猎物，例如野牛、羚羊、斑马，甚至年幼的河马、大象、长颈鹿等，当然对小型哺乳动物、鸟类等也不会放过。有时它们还会仗着自己个头大，顺手抢其他肉食动物的猎物，如在错误时间出现在错误地点的猫科动物的猎物，甚至为此不惜杀死对方。另外，它们也经常吃动物腐尸，特别喜欢抢鬣狗的食物。

　　实际上狮子捕食猎物的成功率只有20%左右，单只捕食猎物的成功率为15%，如果根据食物密度来算，成功率远低于虎。如果捕食猎物地比较容易藏身，它们才容易获得成功。但如果一旦吃饱了，它们能五六天都不用捕食。

　　人们多称老虎为山大王，因为它额头上长有一个"王"字形的花纹，又称狮子为百兽之王，那么，它们两个究竟哪个更厉害一些呢？可惜的是，老虎和狮子还没有真正较量过，胜负也就无法知晓了。

　　老虎生活在亚洲，狮子生活在非洲和亚洲西部，两者相距甚远，缺少较量的机会。科学家认为：若讲一对一打斗，老虎可能比狮子略胜一筹。老虎生于山林，敏捷凶猛，狮子生于草原，心情较开朗，雄狮又懒散，所以难以敌过老虎。

　　狮子是以群体活动，出猎也是一群，而老虎形单影只，独来独往。用一只对一群，老虎恐怕要吃亏。

　　狮子的体形比老虎大，但老虎比较灵活，真的打起来也可能是半斤对八两。

小知识大视野

　　尽管虎是独居动物，并有着自己的领地，公虎仍可能常和自己的配偶及孩子们待在一起。成年虎，尤其是同胞兄弟姐妹之间很可能在一段时间内相互协作，共享收获。但这种时光不会很长，以后它们就会各奔东西。

豹子的生活习惯

豹擅长爬树，经常爬到树上休息、睡觉，或者埋伏在树枝间伺机出击，捕捉猎物。

豹可以说是完美的猎手，矫健身材，灵活，奔跑时速最高可达70英里（约合113千米）。既会游泳，又会爬树，性情机敏，嗅觉听觉视觉都很好，智力超常，隐蔽性强，是一种食性广泛、胆大凶猛的食肉类动物。

豹的猎物主要有鹿、羚羊及野猪，但亦会捕猎灵猫、猴子、雀鸟、啮齿动物等，甚至腐肉，视猎物产地而定。

豹也有捕食黑猩猩的纪录。在猎物缺乏时，它也会捕猎家畜，因而发生人豹之间的冲突。

豹猎获到食物以后，也喜欢爬到树上，把吃剩下的食物藏在树枝之间，豹这样做是为了防止鬣狗或其他野兽偷吃自己的食物。

鬣狗经常吃其他动物吃剩的食物。当凶猛的动物捕获到猎物后大吃大嚼的时候，鬣狗站在远处望着，等它们吃完离去后，鬣狗就跑过去吃点残渣剩肉。

鬣狗还专门偷吃其他动物贮藏的食物，但是鬣狗不会爬树，对豹藏在树上的食物，毫无办法。

豹与猎豹是很相似的。我们可以看到它们体型上非常相似，甚至远看都区别不开。不过，它们还是有区别的。

豹经常是在夜间捕食，它从树上下来的时候，能够一下扑中猎物，很少有失手的时候。所以在很多时间我们通常看见的豹是待在树上，而且一般被捕食的就像羚羊这一类的动物，不容易看

见它。而它容易发现猎物，一旦猎物从树下走过的时候，它就迅速地猛扑下来。

当豹捕到猎物之后，它与猎豹不一样，它喜欢把猎物拖到树上，把猎物藏在树枝之间然后慢慢进食。

在自然界，猎豹尽管跑得很快，但经常还是抓不住羚羊的。抓不住它要捕食的动物，这是为什么呢？

猎豹虽然跑得快，但是它跑的距离很有限，就是说它只能跑几百米。

猎豹无法在夜间进行捕食，而豹是可以的，而且豹大部分时间是在夜间捕食。

另外，猎豹可以像犬一样坐着，类似犬科动物的坐姿，这是其他猫科动物所没有的。猎豹身上的斑点是实心的，豹一般是空心的，豹也没有猎豹面部的泪痕。

小知识大视野

豹头圆、耳短、四肢强健有力，爪锐利伸缩性强。其体型与虎相似，但较小，为大中型食肉兽类。豹的体重一般约50千克，最重可达100千克；体长1~1.5米，尾长超过体长的一半。

大象鼻子的用途

　　大象是现存世界最大的陆生动物，可以重达6000千克。大象平均每天能消耗75～150千克植物。它们尽管有一个巨型的胃和19米长的肠子，但是它的消化能力却相当差。

　　大象主要外部特征为柔韧而肌肉发达的长鼻和巨大的耳朵，大象的长鼻具缠卷的功能，是象自卫和取食的有力工具。它的长鼻子是近4万块富有弹性的小肌肉组成，它能极灵活地伸缩，做

出灵巧的动作。它有千万根神经末梢，鼻端生有一个或两个手指般的突起物，有舌头尝味和鼻子嗅气味的两种功能。由于大象鼻子这种奇特结构，使它功能独特，使用起来得心应手。

大象的鼻子就像一只灵巧的"手"，大象靠它取食、洗澡和防止敌害的侵袭。除此之外，大象的鼻子还能闻气味、喝水。

大象是怎么喝水的吗？大家都知道，人在游泳的时候，总是要用嘴来换气，如果不小心鼻子里吸进了水，就会呛进肺里去，便咳嗽不止。

体型庞大的大象在喝水的时候，喜欢用长长的鼻子把水吸进去，然后再把鼻子放到嘴里。在炎热的夏天也是这样用鼻子吸水然后喷洒到身上来给自己洗澡。

为什么这样使用鼻子，却从来没有见大象被呛呢？大象的鼻子被呛过吗？

答案当然是肯定不会啦！动物园的专家说，原来，大象鼻腔

的结构比较特殊，虽然它的气管和食道是彼此相通的，但是在大象的鼻腔后面的食道上方长有一块软骨。

大象用长鼻子吸水时水就会进入鼻腔，由于大脑中枢神经的支配，喉咙部分的肌肉就发生收缩，促使食道上方的这块软骨暂时将气管口盖上，水就由鼻腔进入食道，而不会进入气管，也就是因为这样，所以水就不会呛入与气管相通的肺里去。

当它将水重新喷出去以后，软骨又会自动张开，以保持呼吸的正常进行，这种动作是十分协调的。

大象的鼻子非常灵敏，距离几百米远，它们就能闻到来犯者的异常气味，这一点弥补了它视力弱和听觉差的缺点。受过训练的亚洲象能帮助人们做各种各样的工作，在印度的一些木材加工厂里，人们利用大象来搬运木材，运送货

物。大象吃食物也靠鼻子帮助。它们吃青草、树叶和瓜果之类的东西，全靠鼻子帮助送入嘴里。

大象走路时还用它那长长的鼻子当拐杖哩！

小知识大视野

大象种类：长鼻目曾有6科，其中5科由于气候变化和环境恶化以及人类捕杀已灭绝，现仅余象科1科2属3种动物。本目动物特征一如其名，鼻子长，鼻端生有指状突，能捡拾细小物品。象科包括2属2种动物，即亚洲象和非洲象。

大象的寿命

也许你认为，动物的体型越大，会活得越久，这是不对的。目前年龄最大的大象，大概只有70多岁。

在大自然中，求生存是件很难的事。各种生物必须面临疾病的困扰、敌人的威胁以及食物不足等问题。也许动物园和马戏团的大象可以活得更长一点，但要活到100岁，也是很困难的。

相反，身体不大的乌龟，倒是大部分可以活到100岁以上。

这是因为乌龟的新陈代谢缓慢，同时有龟甲护身，不易受到敌害的侵袭。

大象虽不算长寿，但它的实用时间是够长的，因为它每天的

睡觉时间只需三四小时，况且睡觉时往往是将长鼻子向栏杆或树枝上一搁，打打瞌睡而已，很少躺下沉睡。

大象生活于热带森林、丛林或草原地带。大象喜欢群居，大象一般8头……百头大象组成的大群体。无固定栖地，视觉较差，嗅、听觉灵敏，炎热时喜欢水浴。晨昏觅食，以野草、树叶、竹叶、野果等为食。

世界的大象分两种，一种叫亚洲大象，一种叫非洲大象。亚洲象的智商很高，性情也温顺憨厚，非常容易驯化。

在东南亚和南亚的很多国家的公民都驯养它们用来骑乘、服劳役和表演等。

亚洲大象很大，一头足足有一台载重汽车重。但是，它在世界陆地上还不是最大的动物。那么，世界陆地上最大的动物是谁呢？是非洲大象。

一头非洲雄性大象，长至15岁左右的时候，身长就超过了8米，身高达到4米上下，体重达7吨至8吨。

非洲大象同亚洲大象相比，不仅身高、体重，而且不论雄象、雌象都生长象牙；耳朵既大也圆。睡觉的姿势，不像亚洲象站着睡，而是卧下睡。

非洲大象出生以后，哺乳期大约为两年的时间；长到12岁至15岁时，才是"婚配"的年龄；24岁至26岁时，才停止长个。

大象一般由8头至10头聚在一起过集群生活，包括有亲戚关系的雌象和它们的后代，以及一头领导象群的雌象。

  雄象一般单个生活，或一群雄象光棍生活在一起。有时候，各个群体的大象会聚集在一起，形成一个由数百头大象组成的大群体。

小知识大视野

  在哺乳动物中，最长寿的动物是大象，据说它能活60岁至70岁。当然野外生长和人工饲养的大象寿命是不同的，前者的寿命短些。据记载，哥拉帕格斯群岛的长寿象能活180岁至200岁。

大象耳朵的用处

大象的主要特征是长鼻子和大耳朵。大象鼻子具备了人类的手指、手掌和手腕的功能，能搬运重物，也能把食物送入口中，还能感觉出物体的形状和质地，甚至还能用来揉眼睛和拔掉身上的刺。

大象鼻子还能吸水冲洗身体，吸沙子喷向四肢和耳朵后面。

除此之外，象鼻子还是灵敏的嗅觉器官，大象把鼻子高高举起来，就可以闻到远处的气味，把鼻子伸到地上一闻，就能追踪气味前进……有趣的是，大象在求爱时，鼻子也能派上很大的用处。

每当繁殖期到来，雌象便开始寻找安静僻静之

处，用鼻子挖坑，建筑新房，然后摆上礼品。

雄象四处漫步，用长鼻子在雌象身上来回抚摸，接着用鼻子互相纠缠，有时把鼻尖塞到对方的嘴里，表达自己的爱意。

至于耳朵，兔子的长耳朵是为了更好地听声音。大象在热带丛林中几乎没有什么敌害，有必要长那么两只大耳朵吗？

世界上现存三种大象，亚洲象，非洲丛林象，非洲森林象，不管是哪一种大象，它们都长了一对巨大的耳朵，功用也基本相同。 非洲森林象耳朵呈椭圆形，个体较小，非洲草原象和非洲森林象有着明显不同的遗传特征，其外表特征也有很大的差别，但它们的耳朵也都是椭圆形的。

处，用鼻子挖坑，建筑新房，然后摆上礼品。

雄象四处漫步，用长鼻子在雌象身上来回抚摸，接着用鼻子互相纠缠，有时把鼻尖塞到对方的嘴里，表达自己的爱意。

至于耳朵，兔子的长耳朵是为了更好地听声音。大象在热带丛林中几乎没有什么敌害，有必要长那么两只大耳朵吗？

世界上现存三种大象，亚洲象，非洲丛林象，非洲森林象，不管是哪一种大象，它们都长了一对巨大的耳朵，功用也基本相同。非洲森林象耳朵呈椭圆形，个体较小，非洲草原象和非洲森林象有着明显不同的遗传特征，其外表特征也有很大的差别，但它们的耳朵也都是椭圆形的。

耳朵对于大象来说，最大的作用莫过于散热，甚至凌驾于听觉之上，这是大多数人所不知的。

大象的体积特别大，因此身体代谢产生的热量也格外多，体温过高或过低都会对大象的身体造成巨大的伤害，甚至危及生命，这也就需要一个有效的方法来帮助大象散热。

大象的耳朵不仅大，而且薄，里面充满了血管，血流经过这里时，很容易就把热量散发了。特别是把耳朵扇动起来，更容易把耳朵里的血的温度快速降下来，它至少能够让血温降低5摄氏度。

温度降低的血液在大象体内循环，帮助大象把全身的温度降下来。由此可见，大象的耳朵是作为散热器进化出来的。

当然，大象的耳朵还具有许多其他的功能，例如：煽动起来驱赶蚊虫；甚至在遇到敌情时张大耳朵进行示威。

小知识大视野

大象可以用人类听不到的次声波来交流，在无干扰的情况下，一般可以传播11千米远，如果遇上气流导致的介质不均匀，只能传播4千米，但此时象群会一起跺脚，产生强大的"轰轰"声，这种方法最远可以传播32千米。

"沙漠之舟" 骆驼

　　骆驼是沙漠之舟，有极强的耐饥渴的能力，在一次饮足水之后能长时间不喝水。它们为什么不怕渴呢？

　　首先，骆驼的胃分为三室，其中一室就是专门贮水的。

　　其次，骆驼的脂肪组织也很特殊，其脂肪类似于海绵，含水量比其他动物高。当骆驼严重缺水时，其脂肪组织里的水分也会失去，使脂肪变得干瘪。

据资料显示，干渴的骆驼一旦遇到水，能在10分钟内喝下100千克水，这些水除了贮存在胃里外，还有一部分进入血液和脂肪中。

另外，骆驼善于调节水分消耗，如呼吸次数减少，小便量也很少等，这样，就保证水分不至于散失过多。骆驼的驼峰是一大堆脂肪，一头营养充足的健康骆驼，其驼峰可以重达35千克。

有了驼峰，骆驼可以不吃食物而存活非常长的时间。由于骆驼通常生活在沙漠地区，长时间缺乏食物，因此这种能力对于骆驼来说是很重要的。

骆驼是唯一具有驼峰这样组织的动物。

夏天里，一头骆驼每天需要消耗大约20升水。然而，骆驼可以从它的身体组织中失水多达100升而不会产生不良的影响。为了节约水分，骆驼可以应对剧烈的体温变动。骆驼在早晨的体温可能只有34度，而随后其体温可能会上升至40度。只有在最高体温的情况下，它才需要通过出汗来避免身体过热。而人只要升高2度就意味着生病了，相比之下，骆驼就应付自如了。

骆驼还有个与众不同的鼻子，鼻子内部有极细的管道，一旦缺水，就会在管道的表面上结一层硬皮，吸收从肺部呼出的水分，水分便不容易散失，吸气时，水分又回到体内。这样，水分

在骆驼体内反复循环利用，因此能在火热的沙漠中长途行走而不怕渴。由于骆驼有这些特性，所以茫茫的沙漠在它眼里一点也不可怕，加之它熟悉沙漠里的气候，可以驮很多东西，因此人们把它看作度过沙漠之海的航船，称其为"沙漠之舟"。

小知识大视野

驼马是骆驼家族中最小的成员，它们生活在南美洲安第斯山脉的高山草原，以草为食，一般一家子住在一起。奔跑时，时速可达50千米。骆驼在长时间缺水后，可能会减掉40%的重量，但只需饮水10分钟，就可以补充身体丧失的水分。

美丽的长颈鹿

　　长颈鹿长着优美的长长的脖子和腿，身体上长着独特的斑纹，这使人们可以一眼认出它。和其他哺乳动物一样，长颈鹿灵活的脖子也只包含了7块背椎骨，但这些骨头都被拉长了。

　　为什么长颈鹿要长这么长的脖子呢？

　　长颈鹿脖子长，肯定是为了适应环境而形成的。长颈鹿的祖

先，生活在没有草的环境里。它们为了生存，只好努力伸长脖子吃树叶，这样辈辈相传，脖子慢慢就变长了。

还有一种说法，长颈鹿的祖先之间存在微小差异，有的脖子长，有的脖子短，久而久之长脖子的可以吃到树叶，短脖子的吃不到树叶便饿死了。

这样长脖子得到遗传，便成了长颈鹿。不过，长脖子是一种生存劣势。由于头比心脏几乎高了3米，为了能保障大脑的血液供应，长颈鹿的心脏很大，动脉管壁很厚，使得长颈鹿的血压是所有哺乳动物中最高的。

长颈鹿的长脖子对它们的求偶也很重要。在求偶季节，雄长颈鹿会挥动长脖子互相撞头进行决斗，脖子越长，就越容易获胜

取得交配的机会。

　　这种决斗非常激烈，有时甚至能导致死亡。雌鹿也比较喜欢接纳脖子较长的雄鹿。

　　生活在非洲的野生长颈鹿往往是站着睡觉，在动物园里生活的长颈鹿，由于不会受到敌害的威胁，常常是趴着舒舒服服地睡觉。

　　当长颈鹿趴着睡觉时，它的两条前腿和一条后腿弯曲在肚子下，另一条后腿伸展在一边，长长的脖子弯向后面，把带茸角的脑袋送到伸展着的那条后腿旁，下颌贴着小腿。这种睡姿，既能缩小目标，又可在紧急情况下逃之夭夭。

长颈鹿的睡眠时间比大象还要少，一个晚上一般只睡两小时。

对于长颈鹿来说，睡眠实在是一件非常棘手的事，甚至会使它们面临危险。

长颈鹿大部分时间都是站着睡觉，尤其是在短睡阶段。

由于脖子太长，长颈鹿睡觉时常常将脑袋靠挂在树枝上，以免脖子过于疲劳。

小知识大视野

长颈鹿喜欢采食大乔木上的树叶，还吃一些含水分的植物嫩叶。它的舌头伸长可超过40厘米以上，是青黑色的，嘴唇薄而灵活，能轻巧地避开植物外围密密的长刺，卷食隐藏在里层的树叶，可与大食蚁兽的舌头相媲美。

"北极霸主" 北极熊

　　在零下80度的冰雪王国里，没有御寒能力的哺乳动物瞬间即可冻僵，而素有"北极霸主"之称的北极熊，却可逞威于冰雪王国。它不仅可以游遍四方，而且可进入冰冷刺骨的海水里，一口气游上10多千米。北极熊为什么不怕寒冷呢？

　　北极熊是现存熊类中体型最大的一种。生活在北极地区内，

冬季主要捕食海豹、海鸟和鱼类，夏季主食植物。

20世纪末，美国化学家马尔克姆·亨利发现了北极熊不怕冷的奥秘。亨利用电子显微镜观察北极熊的体毛时，发现毛都是无色透明空心的小管子，实际上就是一根根微细的"光电管"，只有紫外线能沿着中间的空芯通过。

北极熊利用这些光电管吸收阳光中的紫外线，使身体周围温度增高。还有它那几公分厚的皮下脂肪层，又长着水也很难渗入的体毛，并且能形成空气层，也可能起到良好的保温作用。北极熊身穿能自动调温的皮大衣，所以，它能优哉游哉地踏遍冰雪王国，自然不会惧怕寒冷了！

北极熊的皮肤是黑色的，我们从它们的鼻头、爪垫、嘴唇以及眼睛四周的黑皮肤上就能看见皮肤的原貌。黑色的皮肤有助于

吸收热量，这又是保暖的好方法。

北极熊很适应寒冷地区的生活。它们那白色的皮毛与冰雪同色，便于伪装。除了鼻子、脚板和小爪垫，北极熊身体的每一部分都覆盖着皮毛。多毛的脚掌有助于在冰上行走时增加摩擦力而不滑倒。当然也不会畏惧寒冷，甚至可以在冰水中行走很久。

在严冬，北极熊外出活动大大减少，几乎可以长时间不吃东西，此时它们寻找避风的地方卧地而睡，呼吸频率降低进入局部冬眠。

所谓局部冬眠，一方面是指它们并非像蛇等动物的冬眠，而是似睡非睡，一旦遇到紧急情况便可立即惊醒，应付变故。

另外，北极熊只是在较长的一段时间里不吃不喝，而不是整个冬季。

小知识大视野

北极熊不怕寒冷是毋庸置疑的，但它还不是最不怕寒冷的动物。极地鸭，能忍受零下110度的严寒。如果举办耐寒比赛，极地鸭一定能摘金牌，而银牌得主该是企鹅，铜牌则由海豹收入囊中，北极熊只能屈居第四位了。

独居动物黑熊

生活在我国东北地区森林中的黑熊，当地人称它为狗熊。黑熊的体毛粗密，一般为黑色（也有棕色），头部又宽又圆，耳朵圆，眼睛比较小。因为它的视力不好，又称"熊瞎子"。

黑熊的口鼻又窄又长，呈淡棕色，下巴则呈白色。黑熊的毛虽不太长，头部两侧却长有长长的鬃毛，让它们的大脸显得更加宽大。

黑熊身宽体胖，四肢粗短，脖子也短，眼睛又小，给人一种笨拙的感觉。

其实，它的动作相当灵活，因为脚掌硕大，尤其是前掌。脚掌上生有五个长着尖利爪钩的脚趾，能游泳，会爬树，在森林里跑得也不慢。

黑熊的力气特别大，可遇到敌人

时，却总是主动跑开。

不过，你若惹恼了它，它会变得很凶猛，一巴掌就可以拍死一头牛。

冬天要到了，黑熊在冬天到来之前，会先找一大堆食物，吃得肥肥胖胖，然后钻到枯朽的树洞里或山洞里睡大觉，即冬眠，不过它睡得很浅，有时从冬眠中醒过来，饿了就走出洞穴寻找食物。

母熊在冬眠时还会生下熊宝宝，通常是每次生两只。刚生下的小熊体重不足500克，全身赤裸无毛。

不过，小熊长得很快，一个月后全身就长满又软又密的毛，可爱极了。

小黑熊们和妈妈住在窝里。直至冬去春来，天气变暖，熊妈妈才带着熊宝宝们出来，开始在树林里尽情玩耍。

黑熊特别喜爱吃蚂蚁，它发现蚂蚁窝时，便把手掌伸进去，等蚂蚁爬满手掌后，再用舌头一舔，就将蚂蚁活吞到肚里。据专家观察，有的蚂蚁随黑熊粪便排出体外时还活着哩！

秋天，黑熊经常跑到庄稼地里去偷玉米，它不立刻吃，而是

把玉米穗夹在腋下，结果掰下一穗又掉一穗，到最后，还是只偷走一穗玉米。

黑熊最爱吃蜂蜜，只要发现野蜂巢，就会千方百计地把它弄下来。

熊明知野蜂不好惹，但为了蜂蜜，常常硬着头皮爬上树，结果头上被蜂群乱刺乱螫，尽管毛长皮厚，还是疼痛难忍，甚至脸上被螫得发肿。可是熊决不下来，直至扯下蜂巢，把蜂蜜掏光为止。

有这样一种说法，就是当你在森林中遇到熊时，躺在地上装死，便可免受熊的袭击。

现在，科学家通过分析得出了完全相反的结论，认为要想从熊掌下逃生，最有效的方法是勇敢地与熊搏斗。

他们解释熊伤人的原因时说，一是为吃人，二是为反击人，三是为了玩耍。如果遇到第一或第三种情况，你如果躺在地上装死就等于白白去送死。

小知识大视野

黑熊基本为独居动物，只有交配的时候才会雌雄相会，并在一起寻找食物。不同地区的黑熊交配季节有所不同，有的黑熊于每年的6~7月份交配，幼崽于12月份出生；有的到了10月份才会考虑传宗接代，它们的宝宝则在次年的2月前后降生。

长臂猿的拿手好戏

长臂猿，因其前臂长而得名，身高不足1米，双臂展开却有1.5米，站立时手可触地，故而得名。

我国有5种长臂猿，即白掌长臂猿、白眉长臂猿、海南黑冠长臂猿、黑长臂猿和白颊长臂猿，它们是仅次于人类的高级灵长类动物，也是我国一级保护动物。

长臂猿生活在茂密的树林中，采用"臂荡法"行动，它的两条灵活的长臂和钩形的长手，使它们穿林越树如履平地，无论觅食、玩耍、休

息、求偶、生殖、哺育幼仔等几乎全部在树上进行。

行动的时候，长臂猿能用单臂把自己的身子悬挂在树枝上，双腿蜷曲，来回摇摆，一次腾空移动的距离就有3米远，每次可以连续荡越8米至9米。

雌长臂猿还让刚出生不久的幼仔用手脚抱在自己的胸前，带着它一起在森林的上空飞速跃进。它们的动作灵活、自然、轻盈、优美，如同飞鸟一般，使人感到惊心动魄。

长臂猿会唱歌，它的喉部长有喉囊，又叫音囊，喊叫的时候，喉囊可以胀得很大，使喊声变得极其嘹亮，是哺乳动物中的名符其实的"歌唱家"。它们特别喜欢鸣叫，形式有雄兽的"独唱"、雄兽和雌兽的"二重唱"和雄兽及其家庭成员的"大合唱"等。

特别是气势磅礴的"大合唱"，一般是成年雄兽首先发出引唱，然后成年雌兽伴以带有颤音的共鸣，以及群体中的亚成体单调的应和，"呜喂，呜喂，呜喂，哈哈哈"，音调由低至高，清晰而高亢，震动山谷，在几千米之外都能听到。

它们的这种习性，既是群体内互相联系，表达情感的信号，也是对外显示它们的存在，防止敌人入侵的手段。遗憾的是，它们高昂悦耳的歌声也会给自己带来灭顶之灾，因为偷猎者正是根据它们的"歌声"寻找到它们的。

长臂猿又是最重感情的动物。当猿群中有受伤、生病或死亡者时，在相当一段时间里，它们就不再歌唱和嬉闹。它们是动物中"感情最丰富"的动物，长臂猿是典型的一夫一妻制动物。因为长臂猿不是群居，它们每个家庭生活在一个很大的领地里。

东南亚有一种长臂猿在树林之中吊来荡去，很少到地面活动，其优美的荡姿和变化多端的技法，展现了高超的技巧。

随着近代人类经济活动领域的扩大，原始森林不断被开发，加上无端的乱捕滥杀，使长臂猿的分布范围越来越小，数量显著下降，有一种因手足均为白色而得名的珍稀的白掌长臂猿，分布在我国云南西南部的几个县境内，目前仅剩下30～40只。而另一种生活在云南北部的珍稀的白眉长臂猿的野外数量也仅有100只左右。

造成长臂猿资源毁灭的原因很多，既有自然方面的原因，也有社会方面的原因，但主要是森林的破坏和气候的变迁。长臂猿是典型的树栖动物，栖息于热带或热带性原始森林中，它们和其他灵长类动物一样，失去了森林就无法继续生存下去。

小知识大视野

长臂猿和人类有着亲缘的关系，它的形态构造、生理机能和生活习性比较接近于人类。它们在身体构造上有许多方面和人类极为相似，例如牙齿都是32颗，胸部只有一对乳头，血型也有A型、B型、AB型，只是缺少O型。

会游泳的长鼻猴

长鼻猴又称天狗猴、瘤鼻猴、象鼻猴。它生活在河流和港湾沼泽地的红树林中，手足均有5个指、趾，有扁平的指甲，5个脚趾间有蹼，可以在水里游泳，并且能直立起来。其消化系统分为好几部分，有助于其消化树叶。

在猴类中，长鼻猴是对饮食非常讲究的一种，它们的胃口

也很大。它的食物除树叶外，也包括水果和种子。

雄长鼻猴一般为72厘米长，尾长75厘米，体重24千克。雌的不足雄的体重一半。据说，长鼻猴是世界上体重最重的猴子。

长鼻猴同其他猴类一样也是一种群居的动物，活动范围大约在9平方千米。

每天清晨，长鼻猴就在林中的树梢上晒太阳，然后开始在水边附近活动，采食各种水生植物的嫩芽、嫩叶以及少量果实，特别是一种名叫海桑的植物是它最爱吃的食物，午后大多躲藏在树阴下乘凉。

长鼻猴群体中的成员也常常打闹、嬉戏，特别是在黄昏前，常从四面八方向水边一带移动，并且发出尖叫、怒吼、呼噜、呻吟等各种各样的怪叫声，以及从一棵树向另一棵树腾跃的响声。

长鼻猴晚上就在沿河的树上歇息，有时可以见到好几群长鼻

猴全部聚集在沿着河边分布的几百米长的林带的树上睡觉。

长鼻猴还是游泳的好手，可以度过较大的河流。在海边的浅水地带，它也能够像人一样，伸开双臂涉水而行。

长鼻猴与其他猴类最大的区别，是成年雄兽的鼻子随着年龄的增长，变得越来越大，最终长度竟达七八厘米，由于颜色红艳，远远望去，就像挂在脸上的一个茄子状的红气球。

由于这条大鼻子一直悬垂到嘴的前面，晃晃荡荡，在吃东西的时候，就不得不先将它歪到一边。

更为有趣的是，在长鼻猴感情激动的时候，这条大鼻子还能向前挺直，并且上下晃动着，样子十分滑稽，令人捧腹。到了求偶的时候，雄兽也主要是依靠硕大的鼻子向雌兽讨欢心。

　　此外，长鼻猴的雄兽还长着一个与众不同的胀鼓鼓的大肚皮，这种形象使得不熟悉长鼻猴特点的人，往往将它误认为是即将临产的雌兽。

小知识大视野

　　长鼻猴幼仔的样子与成年个体大不相同，出生以后具有一张深蓝色的脸，上面有眼环和一个又小又扁的朝天鼻子，3个月后颜色转为灰色，9个月后又变为棕色。幼仔全身的体毛均为黑色，半年以后则逐步被赭黄色的体毛所替代。

喜欢嚎叫的狼

在偏僻的山村，一到夜深人静的时候，经常可以听到狼群的嚎叫声。在牧区，狼也是在夜间出来伤害羊群的。为什么狼爱在夜间嚎叫呢？

世界上各种动物都有自己的生活习性。狼是一种以肉食为主的野兽，专门猎取兔子、野鸡、田鼠、小鹿、小羊等，吃腐肉和尸体甚至同类间也互相残杀，狼群有时还会伤害人类。

狼的食量很大，一次可食数十千克肉。狼的忍饥性也很强，饱餐一顿可以好几个月不吃，而其凶猛劲却丝毫不减。

狼既耐热，又不畏严寒。习惯夜间出来活动。嗅觉敏锐，听觉良好。性残忍而机警，极善奔跑，常采用穷追方式获得猎物。

每到傍晚，饥饿的狼往往成群结队地出来觅食。它们一边走，一边发出低声的号叫。动物的叫声是相互联系的通信信号，在不同的情况下会发出不同的叫声。叫声与它们的繁殖习性也有很大关系。

狼在夜间嚎叫，目的是通过嚎叫集群，如母狼常发出叫声

来呼唤小狼，公狼又呼唤母狼，集合成群后外出猎食。在繁殖期，狼也往往发出嗥叫来寻找配偶。幼狼在饥饿时则会发出尖细的叫声。

在天气晴朗、皓月当空、星光明亮的夜晚，荒凉的山坡上，一只狼仰着头长嗥，这情形看上去真让人以为它是因为孤独而对月哀嗥呢，其实这是狼为了让声音传得更远。

它们通常都习惯于站在比较高的地方，而晚上从低往高处看，经常会有明亮的月亮在夜空作为背景。所以我们经常会看狼在夜晚冲着月亮嗥叫。

其实，狼在没有月亮的夜晚同样也会嗥叫，只是在月亮的衬托下，它们的身影更容易被我们看到而已。

小动物一听到狼的叫声，就会马上警觉地避开。

然而，当狼发现

它可猎取的猎物时，就会全神贯注，两眼闪出贪婪凶狠的光芒，并以最快的速度，猛然地袭击猎物，一般情况下，动物是很难在狼的追捕下能逃命的。

小知识大视野

土狼通过在自己领地内留下气味，来和其他同类沟通。身上长着斑点的土狼会发出狂躁的叫声，来警告同类。南非土狼主要以白蚁为食，它用带黏液的长舌头来捕食白蚁，一个晚上，能吃掉20000多只白蚁。

能够滑翔的鼯鼠

小朋友们都知道，鸟类会飞、兽类会跑。但兽类中也有会飞翔的，如蝙蝠，也有人说鼯鼠会飞，可其实上那不算飞翔，而是滑翔。

鼯鼠的模样很像松鼠，只是它的头更圆些，眼睛也更大，体型多为中等。小鼯鼠体长13厘米以上，大鼯鼠体长50厘米以上；多数种类的毛色都比较艳丽，牙齿多为22颗。

鼯鼠的瞳孔很大，在黑

暗中也能看清东西。鼯鼠身体两侧前后脚之间有一层皮膜，皮膜的两面都长有细毛。

鼯鼠是夜行动物，白天躲在树洞里睡大觉，晚上爬到树梢上去，滑翔之前先决定好飞翔的方向，选好降落地点，测准距离。

鼯鼠开始滑翔时，后脚用力蹬树干，4条腿尽量向左右伸展开，将皮膜张开成方形，就像滑翔机那样开始滑翔。

在滑翔中，它那条和身体差不多长的又扁又平的尾巴起到了舵的作用，能保持身体平衡，还能在空中转换方向。

鼯鼠每次能滑翔几十米的距离，要继续滑翔时，就再爬到树的树梢上去，重复前面做过的动作。

鼯鼠常常从入夜一直忙至天亮前，在树林里飞来飞去，觅食玩耍，还"吱吱"地叫个不停，给夜里的树林增添了热闹的气氛。

鼯鼠喜欢栖息在针叶、阔叶混交的山林中，习性类似蝙蝠。

鼯鼠白天大多时间躲在悬崖峭壁的岩石洞穴、石隙或树洞中休息，洞内铺有干草。冬季，鼯鼠有用干草封住洞口御寒的习性。

鼯鼠性喜安静，多为独居生活。夜晚则外出寻食，在清晨和黄昏活动得比较频繁，并且行动非常敏捷。

鼯鼠素有"千里觅食一处便"的习性，无论活动范围多大，都固定在一处排泄粪便。

　　鼯鼠一般在所栖息的洞穴附近，选一个较大的洞穴排泄，其粪便常年堆积而不霉烂。橙足鼯鼠的干燥粪便是著名的中药材，即五灵脂，可用于治疗瘀血内阻、血不归经等病症。

小知识大视野

　　蝙蝠是唯一会飞的哺乳动物，大约有920多种类别。蝙蝠主要依靠回声来辨别物体，有一些种类的面部进化出特殊的增加声纳接收的结构，如鼻叶、脸上多褶皱和复杂的大耳朵。人类的雷达系统就是根据蝙蝠超声波探测原理研制的。

眼镜蛇的天敌

　　一谈起毒蛇，人们都感到害怕，特别是眼镜蛇，更令人毛发悚然。眼镜蛇主要分布在亚洲和非洲的热带和沙漠地区。它算是毒蛇中最有名也是最厉害的了。

　　眼镜蛇在我国民间有多种名称，如山万蛇、大扁颈蛇、扁颈蛇、吹风蛇、过山标、过山风、过山风波、饭铲头、五毒蛇、蝙蝠蛇、胀颈蛇、膨颈蛇、大膨颈、扇头风和大扁头风等。

眼镜蛇的颈部有一对白边黑心的眼镜斑纹，这是与其他毒蛇的主要区别。

它在愤怒时，颈部由于肋骨撑开而膨大起来，嘴里发出"咻咻"的声音，特别恐怖。眼镜蛇的毒牙位于口腔前部，不长，有一道附于其上沟能分泌毒液。

眼镜蛇的毒液通常含神经毒，它就是依靠这种毒液杀死猎物。神经性毒液可阻断受害者神经肌肉的传导，使其出现肌肉麻痹而致命。

眼镜蛇喷射的毒液，射程可达到一至两米，它一次排出的毒液足够毒死几千只小白鼠，你说厉害不厉害？

眼镜蛇也有它的天敌，它一见了蛇獴，就会颤颤抖抖，缩成一团，活像老鼠见了猫一样。

蛇獴又叫獴哥。它头小，嘴尖，尾巴长，全身长0.75米左右，尾巴就占了全身的一半，比起眼镜蛇来小得多。

蛇獴这样小，怎么竟敢在眼镜蛇这个太岁的头上动土呢？原

来蛇獴有一种有一套免于被毒害的系统，眼镜蛇的毒性再大，对它一点作用也不起。

蛇獴虽然细瘦，四肢很短，乍一看谁也不会觉得它很凶猛，但是多么厉害的眼镜蛇，碰到它都逃脱不了死亡的命运。

蛇獴进攻的速度很快，我们都来不及看清楚。它知道应该在何时发动攻击，向蛇的什么部位去咬最合适。

蛇攻击猎物总是先昂起头然后才进攻。但蛇獴恰在眼镜蛇进攻前的一刹那冲上去，一口咬住蛇头，不论眼镜蛇怎样挣扎，把它缠得多紧，蛇獴死也不放开蛇头，直至用锋利的犬齿咬死毒蛇。

　　蛇獴活在世界上，好像专门和毒蛇作对，有时蛇獴吃饱了，胃里放不下了，但是遇到毒蛇还是要把它咬死，毫不留情。

　　蛇獴不但吃毒蛇，而且是捕捉鼠类的能手。凭着它小巧而灵活的身躯，钻进老鼠洞里，一个个地捕食，老鼠虽然吓得四处躲藏，也逃不脱最后被捕食的命运。蛇獴捕食老鼠的时候，甚至比猫都利索，无比痛快淋漓！

小知识大视野

　　19世纪以来，美国夏威夷蔗田地区的鼠害严重，人们把蛇獴作为灭鼠英雄，请它到那里去发挥专长。蛇獴去后不久，就几乎把这地方的鼠类吃光了。因此，人们很喜欢它。

豪猪的防卫武器

豪猪也叫箭猪，不过它可不是猪，而是一种大型啮齿动物，和老鼠有亲戚关系，所以你看它的头有点儿像老鼠呢！

豪猪一般栖息于低山森林茂密处。常以天然石洞为居住地，有时也自行打洞。

豪猪的头骨及下颌均为豪猪型，咬肌穿过大眶下孔，门齿和釉质层全为复系型，颊齿4个，脊形齿。豪猪以植物根、茎为食，尤其喜欢盗食山区的玉米、薯类、花生、瓜果蔬菜等。豪猪最大的特征是它身上从背部直至尾部都披着像箭一样的长刺，尤其是屁股上的长刺特别集中，短小的尾

巴几乎全被掩盖住了。

豪猪身上最粗的长刺有筷子那么粗，长度能达到30多厘米，每根刺的颜色都是黑一段白一段，黑白相间。细刺就更多了，一只豪猪的身上有上万根细刺。

不同豪猪物种的刺有不同的形状，不过所有这些都是改变了的毛发，表面上有一层角质素，嵌入在皮肤的肌肉组织中。旧大陆（亚洲、非洲和欧洲）豪猪的刺是一束束的，而新大陆（南北美洲）豪猪的刺则是与毛发夹杂在一起。

豪猪的刺锐利，很易脱落，会刺入攻击者身体中。它们的刺有倒钩，可以挂在皮肤上，很难除掉。

当豪猪遇到敌人的威胁时，先竖起身上一根根锋利的硬刺，

摩擦硬刺发出"涮涮"的响声，同时嘴里还发出"噗噗"的声音来恐吓敌害。

如果敌害不退走，豪猪就转过身子，后脚一蹬，用背部和尾部的刺向敌人冲击。狮子、老虎虽然凶猛，被豪猪这么一刺可就惨了，因为有的针毛上长着倒钩，被刺中后针毛就留在肌肉里，疼痛难熬，严重时甚至会死去。

所以，在动物世界，就是特别凶猛的动物也都知道豪猪的厉害，谁也不愿意去惹它。

豪猪的腿比较长，前足和后足上都长有5趾，脚面下较为平滑；尾巴极短，隐藏在棘刺的下面，尾端的数十个棘刺演化成硬

毛，顶端膨大，形状好像一组"小铃铛"。

走路的时候，这些"小铃铛"互相撞击，发出响亮而清脆的
"咔哒、咔哒"的声音，在数十米以外就能听见，常常使凶猛的
食肉兽类不敢靠近。

小知识大视野

豪猪为夜行性动物，白天躲在洞内睡觉，晚上出来觅食。豪猪
的巢洞虽是自己挖掘修筑，但主要是扩大和修整穿山甲和白蚁的旧
巢穴而居。其巢穴的构造复杂，通常由主巢、副巢、盲洞和几条洞
道组成。

喜欢在水里的河马

河马是生活在陆地上的哺乳动物，喜欢群居，主要生活在热带非洲的湖泊、河流和沼泽地带。

河马几乎整个白天都在河水中或是河流附近睡觉或休息，晚上出来觅食，有时会顺水游出30多千米觅食。

河马虽然总是待在水里，但它们不会游泳，只能潜水，在受

惊吓时，一般避入水中。它们每天大部分时间在水中，潜伏水下时一般每三五分钟把头露出水面呼吸一次，也可以潜伏约半小时不出水面。

潜水时，河马把耳朵、鼻子闭合起来，防止水灌进去。河马平时总爱把身体淹没在水里，把眼睛、耳朵和鼻子露出水面，这样既可以防晒，又能观察到周围的动静。

河马可以静静地在水里待好长时间而且可以一动不动。它们生活中的觅食、交配、产仔、哺乳也均在水中进行。

河马看起来很像一头巨型的猪，其身体笨重而厚实，脖子非常粗壮。由于腿非常短，因此身高最高不超过1.65米。河马的身体由一层厚厚的皮肤包裹着，皮呈蓝黑色，上面有砖红色的斑纹，除尾巴上有一些短毛外，身体上几乎没有毛。

河马的皮肤格外厚，皮肤的里面是一层脂肪，这使它可以毫

不费力地从水中浮起。

当河马暴露于空气中时，其皮肤上的水分蒸发量要比其他哺乳动物多得多，这使它不能在水外待太长的时间。

出于这个原因，河马必须待在水里或潮湿的栖息地以防脱水。

河马的眼睛、耳朵和鼻孔都在头顶。这使它们可以花费大多数时间在水中乘凉、防晒。河马的皮肤上没有汗腺，但却有其他腺体，能够分泌一种类似防晒乳的微红色潮湿物质，并能防止昆虫叮咬。

和所有厚皮肤动物一样，河马对蚊虫的叮咬非常敏感。

也正因为这一点，它将各种食虫鸟奉为上宾，并与它们保持着友好的共生关系。在它洗泥巴澡时，沾到它身上的泥巴会形成一个厚壳，也能够防止蚊虫叮咬。

河马主要以水生植物为食，偶食陆地作物，以草为主，有时到

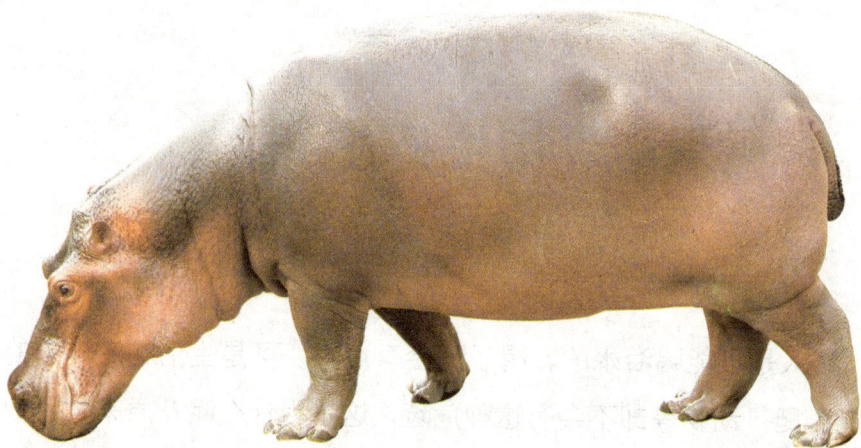

田地去吃庄稼。

但在食物短缺时，河马不仅会杀死其他动物，偶尔还会吃掉这些动物杀死的动物，甚至是吃掉同类的尸体。

河马不喜欢在一个地方长期停留，每隔数日，它们便会迁徙到一个新的地方去。当然大部分时间还是待在水里生活。

小知识大视野

小河马出生后，母河马每天全神贯注地守护在小河马身边，或者把小宝贝背在背上，或者让它骑在自己的脖子上。母河马还耐心地教小河马吃草、游泳等。倘若有人触犯了它的宝贝，它绝不会放过，立刻冲杀过来，这是很危险的。

海洋动物生存之谜

　　人是不能喝海水的，喝了就会有危险。可是生活在海洋中的鱼、爬行动物等却不会有这种危险，这是为什么呢？原来，它们都有自己独特的"海水淡化装置"。

　　鱼只要一张开嘴，水就灌满了口腔。但是，这些水大部分会

通过鳃缝流出去，不会进入腹中。可是，在它吃东西的时候，部分海水就会随食物进入腹中了。

按照物理学规律，如果把容器用一个半渗透性薄膜隔开，一边盛含食盐量高的水，一边盛含食盐量低的水，含食盐量低的水就会向含食盐量高的水一边渗透，直至两边含盐量相等时为止。

鱼的皮肤表层、口腔黏膜、鳃以及所有细胞的膜都是这种半渗透薄膜。鱼体中的含盐量比海水低，因此海鱼体中的水会自动向体外渗出。为了补偿渗出的水并且保持体内一定的含盐量水平，它必须把喝进去的咸水变成淡水，这就需要一种特殊"装置"来达到目的。鱼鳃里的排盐细胞可以把大量的盐分从血液中不间断地提取出来，随同黏液以高浓度状态传至鳃腔里，再流

出体外。海鸟也有这种"海水淡化器"。它们的"淡化器"位于眼窝上部，而排出口位于鼻孔内，叫作盐腺。海鸟不时会从喙上部的鼻孔中排出一个亮晶晶的水滴，摆摆头抖掉。这种水滴就是盐腺排出的含有大量盐分的黏液。

生活在海洋或海边的爬行动物，如龟、蛇、鳄鱼类也有盐腺。鳄鱼在吃东西时会流出大滴晶莹的眼泪，人们常用"鳄鱼的

眼泪"来形容假慈悲。其实鳄鱼流出的眼泪，不过是从盐腺中排出的含盐量很高的溶液而已。鳄鱼，作为地球上最为古老的几种动物之一，从数亿年前的恐龙时代至高度发达的现代世界，依然牢牢占据着两栖类动物霸主的地位，千万年如一日，连外形也没有什么太大的改变，堪称动物界的"活化石"、"老寿星"。

小知识大视野

鳄鱼在水中是一个不折不扣的远视眼，但在陆地却是一个堂堂正正的"千里眼"。这是由于光线在水中和空气中的折射率不同所引起的。鳄鱼在陆地的爬行速度高达每秒三四米，正是由于许多人为疏忽，才导致发生鳄鱼食人的悲剧。

神奇的鸭嘴兽

　　兽类是胎生的哺乳动物，这一点我们深信不疑。但也有个别的哺乳动物生蛋、孵蛋，而不是直接生出小动物。生长在澳大利亚的鸭嘴兽就属于哺乳动物当中会生蛋的动物。

　　鸭嘴兽实在是很怪的，说它是兽类吧，它却是靠下蛋繁殖后代的。说它是爬行动物吧，可它孵出的后代都是靠哺乳喂养的，真是"不伦不类"的动物。

　　我们知道，一般从蛋中孵出的小动物是不吃奶的，如鸡、鸭、鸟、蛇。而一般吃奶长大的动物是胎生的，不下蛋的，像猫、狗、猪、羊。

由于鸭嘴兽既下蛋，又吃奶，让生物学家们伤透脑筋，不知道该把它列入哪一类动物。

经过多年的争论，直至1824年，德国的动物专家在雌性鸭嘴兽的肚子上发现了哺乳口，只好以毛和奶作为决定分类的依据，将鸭嘴兽列入哺乳类，称它为"卵生哺乳动物"。

因为世界上只有哺乳动物有毛和分泌真正的乳汁，而这两个特点鸭嘴兽都具备了。

雄鸭嘴兽有0.5米多长，雌的略小。它们的腿短而强壮，各有5个趾，趾端为钩爪，趾间有蹼便于游弋。

它长着粗毛的尾巴游泳时当舵。它的眼睛很小，没有耳壳，锁骨和鸟喙骨很发达，这些方面又像鸟类。

　　鸭嘴兽生殖是在它的岸边所挖的长隧道内进行的。它一次最多可生三个蛋。六个月后的小鸭嘴兽就得学会独立生活，自己到河床底觅食了。

　　鸭嘴兽哺育幼仔时四脚朝天，收缩肌肉挤奶，由于没有乳头，挤出的奶沾湿了乳腺区的毛，小鸭嘴兽就趴在雌兽身上舔食奶水。

　　鸭嘴兽为水陆两栖动物，平时喜穴居水畔，在水中时眼、耳、鼻均紧闭，仅凭知觉用扁软的"鸭嘴"觅食贝类。其食量很大，每天所消耗食物与自身体重相等。

　　鸭嘴兽习惯于白天睡觉，晚上出来觅食，青蛙、蚯蚓、昆虫等都是它的食物。它的消化机能特强，一只鸭嘴兽体重不到1000克，但一天能吃下与自己体重相当的食物。

　　鸭嘴兽总是在河边打洞，洞有两个出入口，一个通往水中，

一个通往陆上的草丛。

它们用爪子挖洞的本领很高，即使在坚硬的河岸，10多分钟也能挖一米深的洞。有的洞长达几十米，里面有宽敞的"卧室"，准备产卵用。卧室里铺着树叶、芦苇等干草，俨然是个舒适的"床铺"呢!

小知识大视野

母鸭嘴兽产的蛋，白色半透明，壳上带有一层胶质。母鸭嘴兽将蛋放在尾部及腹部之间，然后蜷缩着身体包围着蛋。两个星期后，小鸭嘴兽脱壳而出，但眼睛看不见，身上没有毛，不能觅食，全靠妈妈喂奶。

最古老的动物乌龟

　　乌龟作为一种水陆两栖的爬行动物，在我们地球上已经生活了2亿多年了。在7000万年前的白垩纪末期，庞大的恐龙和其他爬行动物，由于抵挡不了沧海桑田的巨大变迁，都先后绝种了，唯有乌龟得以幸免。

　　乌龟不仅是现今世界上最古老的动物，而且是所有动物中寿命最长的寿星。目前，世界上的乌龟约有220多种。

陆龟生活在陆地上，它与两亿年前的龟没什么两样，阿尔达布拉巨龟是最大的陆龟，重约270千克。

海龟的体型有大有小，巨大的皮龟长1.5米至3米，重约920千克，而普通的泥鳖只有7厘米至12厘米长。

在我国也生活着许多龟，有些还属珍稀动物，如棱皮龟是国家二级保护动物。

　　乌龟一般生活在河、湖、沼泽、水库和山涧中，有时也上岸活动。在自然环境中，乌龟以蠕虫、螺类、虾及小鱼等为食，也吃植物的茎叶。乌龟繁殖率低且生长较慢，一只500克左右的乌龟经一年饲养仅增重100克左右。但乌龟的耐饥能力较强，即使断食数月也不易被饿死，抗病力亦强，且成活率高。

　　乌龟是一种变温动物，到了冬天，或者是当气温长期处在一个较低水平下，乌龟就会进入冬眠，各种乌龟的种类不同，开始

冬眠的温度也不相同，不过通常都在10℃～16℃。

这个时候，乌龟会长期缩在壳中，几乎不活动，同时它的呼吸次数减少，体温降低，血液循环和新陈代谢的速度减慢，所消耗的营养物质也相对减少。

这种状态和睡眠相似，只不过这是一次长达几个月的深度睡眠，甚至会呈现出一种轻微的麻痹状态。

乌龟走路非常缓慢，它既没有兔子那样灵敏的长耳朵，又没有兔子那样灵巧的腿，那么，它们在遇到危险时怎么办呢？

别急，乌龟自有办法。原来乌龟有一个很坚硬的壳，就像一座牢固的小房子，当敌害侵犯它的时候，它就凭借脖子肌肉的收缩，把头迅速缩进小房子里，不管敌害有多厉害，都没有办法把它的甲壳弄破。

等敌害忙活累了，灰溜溜地走掉了，乌龟就安全了。

根据龟类动物缩脖子的位置，它们可分两大类：一类龟将脖子侧缩至龟壳下，而大部分海龟和乌龟脖子较短，它们直接将脖子向后缩。

小知识大视野

据说海龟像陆地的大象一样，能够提前知道自己什么时候会死去，于是就寻找自己的墓地。它们找到洞穴，从洞口爬进，经过长长的通道，到达宽敞的洞穴内，便静静地趴着不动，直至死去。

图书在版编目(CIP)数据

动物百科影集/王兴东著. —武汉:武汉大学出版社,2013.9
(2021.8 重印)

　ISBN 978-7-307-11642-9

　Ⅰ.动… 　Ⅱ.王… 　Ⅲ.①动物 – 青年读物　②动物 – 少年读物

Ⅳ.Q95 – 49

　中国版本图书馆 CIP 数据核字(2013)第 210478 号

责任编辑:刘延姣　　　责任校对:马　良　　　版式设计:大华文苑

出版发行:**武汉大学出版社**　　(430072　武昌　珞珈山)

　　　　(电子邮箱:cbs22@ whu. edu. cn　网址:www. wdp. com. cn)

印刷:三河市燕春印务有限公司

开本:710×1000　1/16　　印张:10　　　字数:156 千字

版次:2013 年 9 月第 1 版　　2021 年 8 月第 3 次印刷

ISBN 978-7-307-11642-9　　定价:29.80 元